# 乳品工艺学教学设计

RUPIN GONGYIXUE JIAOXUE SHEJI

刘红娜◎主编

中国农业出版社
北　京

**主　　编：** 刘红娜　丁　波

**副 主 编：** 杨具田　金君华

**编写人员：** 梁晓琳　田　越

# FOREWORD 前言

在目前教育课程改革的领域里，课堂教学设计是构建课堂教学的基础，专业课教学改革的核心就是改进课堂的教学模式和学生的学习方式。课堂教学设计的内容可反映出教师对课堂改革的认识深度，教师在新课程改革背景下如何使用教材、确定教学目标、设计教学活动等都需要结合教学实际的引导和帮助。同时课堂的教学设计水平制约着上课的成效，不同的教师其课堂教学设计智慧不同，教学风格各不一样。本书的教学设计是对乳品工艺学的探索，对现有的设计进行思考和分析，如何用正确的方法向学生传授知识。期待所有教师能掌握教学设计的研究方法，能通过积极主动的课堂教学设计进行研究，提升自我教学质量。

乳品工艺学主要是阐明原料乳和乳制品的性质、生产理论、工艺技术及产品质量的变化规律，其内涵包括乳品科学和乳制品加工两部分，外延则涉及乳业生产全过程。全书共九章，包括乳的性质和化学组成、乳中微生物的来源和生长、乳的热处理、炼乳加工、乳粉加工、发酵乳及乳饮料加工、干酪风味及分析、奶油加工、冰淇淋生产等内容的教学设计。每章包括教学目标、教学内容分析、教学思路、教学进程具体设计、板书设计、预习任务与课后作业、要求掌握的英语词汇等具体实施模块。旨在从多个侧面展示新课堂教学的成绩和问题，以关注教师的需求为出发点，提升教师的教学智慧。

希望本书能作为良师益友，能促进他们的专业成长。期待所有教师都能掌握教学设计的研究方法，通过积极主动的研究，提升自我教育教学的质量。

编　者

2023年6月

# 目 录

# 课　程　设　计

**课程名称：** 乳品工艺学

**授课对象：** 食品科学与工程专业大三学生

**授课时间：** 45 min

## 一、课程介绍

◆ 课程简介："乳品工艺学"课程是高等院校工科类食品科学与工程（以下简称"食工"）专业的一门主要课程，是阐明原料乳和乳制品的性质、生产理论、工艺技术及产品质量变化规律的一门应用技术学科，包括乳品科学和乳制品加工两部分，外延则涉及乳业生产全过程。

◆ 主要任务：使学生掌握乳制品的基本理论和加工工艺，能理论联系实际，灵活运用所学知识及综合素质，提高人们对于乳制品营养价值和健康功效的认识；使学生能掌握生产工艺控制的理论，学会分析生产过程中存在的技术问题，并提出解决问题的方法，为今后进一步学习食品领域的专业课程或从事食品科研、产品开发、工业生产管理及相关领域的工作打下理论基础。

## 二、学情分析与解决办法

### （一）学情分析

#### 1. 课程本身存在的问题

课程目标没有符合"产出导向"；学生参与的课程内容少，分析、解决问题的能力欠缺；课堂教学过程中缺乏信息化技术评定综合成绩，教师的动态跟踪和过程性指导较少；教师无法关注学生的学习过程，"教"与"学"处于"分裂状态"，学生无法改变"一考定终身的学习瓶颈"。

#### 2. 教学实施过程中存在的问题

学生已经学习了生物化学、食品化学等相关课程，具备基础知识；但对乳品生产工艺及原理了解较少，理论知识的掌握与实践操作脱节。

**(1) 学习动力欠缺**

①大部分学生对专业的认知不足，找不到学习的动力。

②教师灌输讲授，知识单向传播；学生接受效率低，不主动思考探索。

③学生获得的知识主要来源于教材，不向教师提问，仅限于在课堂上学习，课下有疑问不能得到及时解答。学生自主学习的意愿和能力欠缺，认为专业课只需要背诵记忆，而不去思考原理。

**(2) 学习风格等不同** 学生的个体差异、学习风格、学习特点不同，对2019级食工专业的学生进行调查发现（Kolb学习风格分布）：经验型的有20名，想象型的有15名，均衡型的有14名，思考型的有11名，反思型的有10人，行动型的有9人，启动型的有2人，决定型的有1人，分析型的有1名。学习风格相差较大，不同学习风格学生交叉分组。学习风格不存在优劣的价值判别，之间存在一定的互补性，在教学设计中应充分考虑到学生特质、差异的存在。

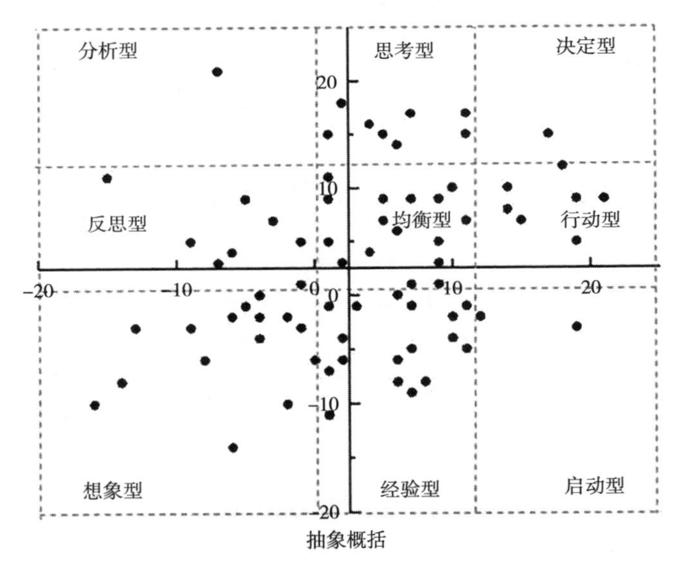


Kolb学习风格分布

**(3) 积极性不高** 学生虽然善于接受新鲜事物，乐于应用信息技术辅助学习，但是惰性高，对于学习任务重的混合式教学有抵触情绪。

## (二) 解决办法

引入前沿热点，拓展资源，激发学生兴趣。采用BOPPPS的教学模型构建课程，运用慕课、雨课堂、虚拟实验等手段增加科技感。同时，让学生在初始接触专业知识时，对于将来要从事的专业具有自豪感，拥有为所在行业发扬工匠精神、创新精神的斗志。

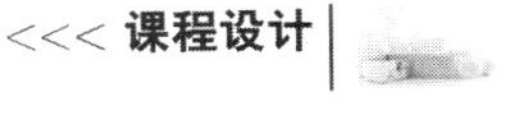

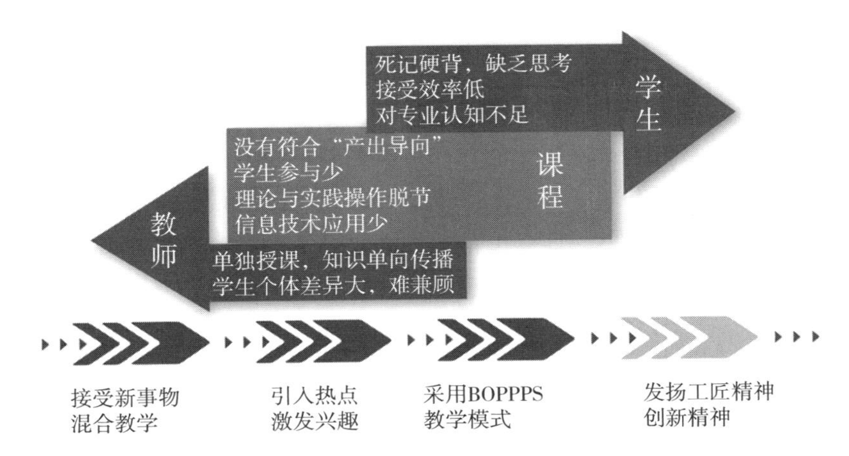


# 三、课程目标与教学理念

## （一）用学习目标引领教学

根据布鲁姆认知发展层次，设定以下四个层次的发展目标。

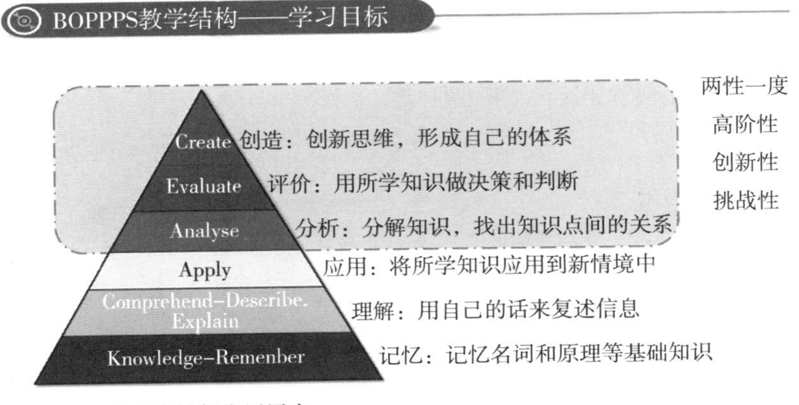


布鲁姆认知发展层次

### 1. 知识目标

能够列举乳的物理、化学性质，描述其加工、贮存特性，阐释主要产品的加工原理。

### 2. 能力目标

能对乳品加工过程进行系统评估，具有生产过程分析和方案设计的能力。

### 3. 思维目标

初步具备利用加工原理分析和解决问题的思维意识及所学学科多元融合的

思维意识。

4. 素质目标

以产品为导向，学生能够进行自主学习。在分析与解决问题中提升学生的学习能力，为未来进入行业进行能力和素养准备，在遇到问题时体现食品人的专业、责任。培养和发展学生对学科的兴趣，使之形成对食品相关学科的爱好，启发他们学习的动机，促进批判性思维、创新思维的发展。对于行业中没有解决的问题，学生能设计创新的解决途径，使他们明白任何加工处理方法都不是食品安全、稳定的万能锁，只有建立专业、负责、创新的完整体系，才能保证高品质产品的生产。

## （二）将“课程思政”融入教学

打造有温度的课堂，多维度深挖课程元素，建立立体思政素材库，真正实现“专业课思政教育”。根据《关于进一步促进奶业振兴的若干意见》，我国做强做优乳制品加工业迫在眉睫。“中华传统乳制品”中蕴含着十分丰富的思政教育元素，如我国藏族的曲拉、白族的乳扇、蒙古族的奶豆腐等都蕴含着中华文化自信等各种思政元素，可以实现教学过程中以潜移默化、润物细无声的方式进行思政教育。

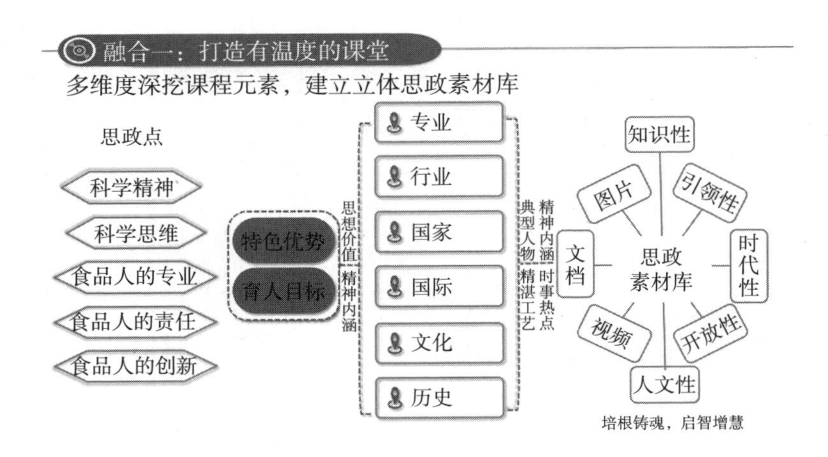


## （三）将生产实际及学科前沿知识植入教学

打造有深度的课堂，拓展教学内容深度和广度的同时培养学生的科学思维，在教学过程中引入生产实际案例及学科前沿知识。虽然教材中的知识只是冰山一角，但是多数学生却会用大部分的时间去学习这些少量的静态知识。因此，教师在专业课的教学中应渗透最新的前沿知识，把科技前沿知识与教学中的知识点进行结合。

## 融合二：打造有深度的课堂

拓展教学内容深度和广度的同时，
培养学生的科学思维

⇨ 生产实际（深度）

1.乳糖特性——舒化奶、炭烧奶

2.脂肪球膜——添加MFGM的婴幼儿配方乳粉

3.舔酸奶盖——脂肪上浮

⇨ 学科前沿知识（广度）

1.ESL乳——不用杀菌的新型乳

2.牦牛乳活性成分——脂肪球膜蛋白

3.牛乳、羊乳的颜色差异——维生素A结构

# 四、教学内容与资源

首先完成课堂内容优化重构，分别从学习资源、拓展资源、信息化资源、虚拟仿真资源四个方面进行课程资源建设利用。

教学过程中运用启发性教学、问题驱动式教学，时刻调动学生的积极性。开始先以生活中的简单实例让学生明白其中所涉及的原理。同时，课上时时刻刻抓住学生，让学生的思维跟上教师的教学进程，教师要不断以思考、设问等方式调动学生的积极性，提高学生上课的兴趣。在讲授中尽量以通俗的方式或者举一些更好懂的例子让学生把要接受的知识点与生活中熟悉的内容进行联系和对比，加深理解。

## 1. 课堂内容优化重构

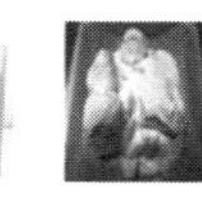

发生了什么？如何控制与利用乳糖？

舔盖和脱脂

选哪个？

乳中的矿物质如何在溶解的同时保持澄清和稳定的？

你家的乳粉好冲吗？

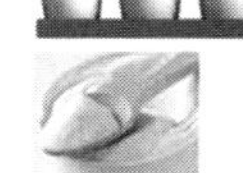

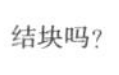

结块吗？

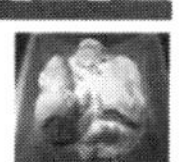

为何不能直接喝牛乳？

我国每年出生的1 700万婴儿中有40%采用配方乳粉喂养

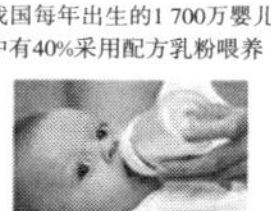

母乳组成是婴幼儿配方乳粉设计的黄金标准

浓缩型　凝固型　搅拌型　饮用型

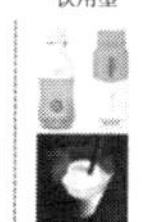

质地变稠厚

为什么质地有如此大的差异？

2. 课程资源建设利用

学习资源
采用BOPPPS模式
慕课、雨课堂等
新媒体融合教材

拓展资源
前沿进展
项目案例
产业动态
行业政策

信息化资源
数据可视化
学习平台

虚拟仿真资源
自建资源
引用资源

# 五、教学过程与方法

## （一）整体设计

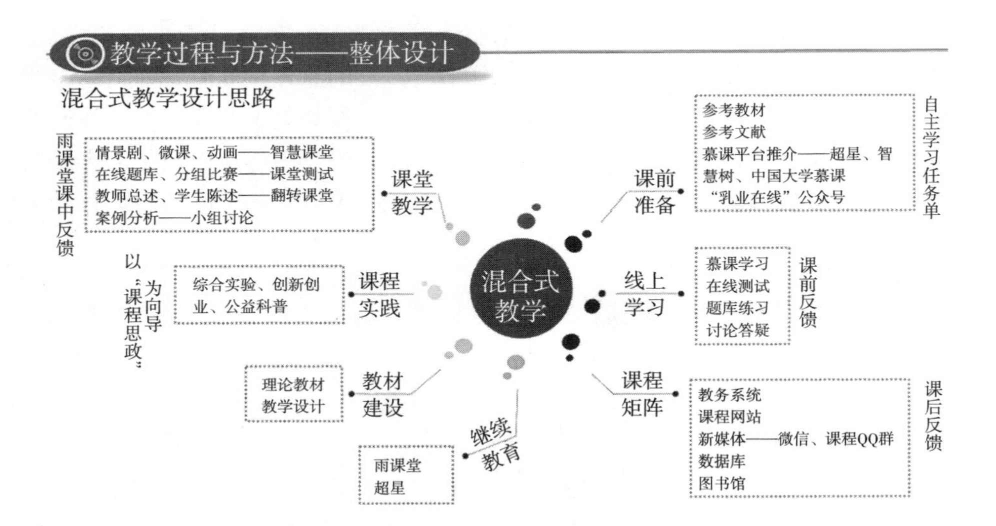


课程理念创新：以激发学生兴趣、促进学生自主学习、培养学生深度分析、大胆质疑、勇于创新为中心。在整体设计中完成讲授方式方法创新，实现课堂信息化，利用信息化技术平台实现课前、课中、课后的混合式教学，在课中学习中应注重学生的参与度。应用软件实施课堂随堂签到点名，随堂提问和随堂考试。发送预习资料、拓展视频、课后作业，完成课前、课中和课后的学生学习轨迹和平时成绩积累。

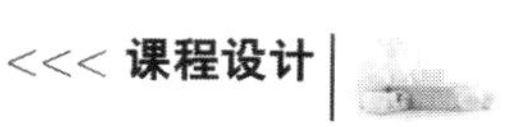

## （二）课前慕课资源学习

课前慕课资源学习完成设计创新，课程设计利用网络平台和面授的方式混合，逐步实现在线课程授课占比达到30%。通过学生对课前学习任务单的解读，同时使用在线讨论，促进学生自主学习，增强教师的动态跟踪和过程性指导。教师根据学生线上的学习时间及自测题的正确率，结合讨论区学生讨论的重点，制定下节课重点讲授的内容。

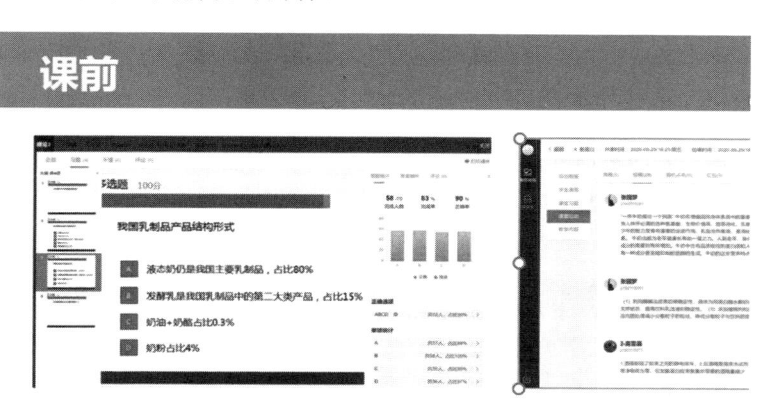


课前学生在线上完成了自主学习部分，能够说出干酪的发酵剂及凝乳酶的种类，自测题准确率为90%，讨论区的讨论主要集中在凝乳酶的作用过程，因此这节课重点讨论干酪的凝乳机理

课前部分注重分层教学，尤其是一部分学生会忘记预习，没有完成自测题，主要是通过班委、学委提醒及“雨课堂”公众号发布公告，达到全班不同层次学生都能完成课前自学的目的。

注重分层教学

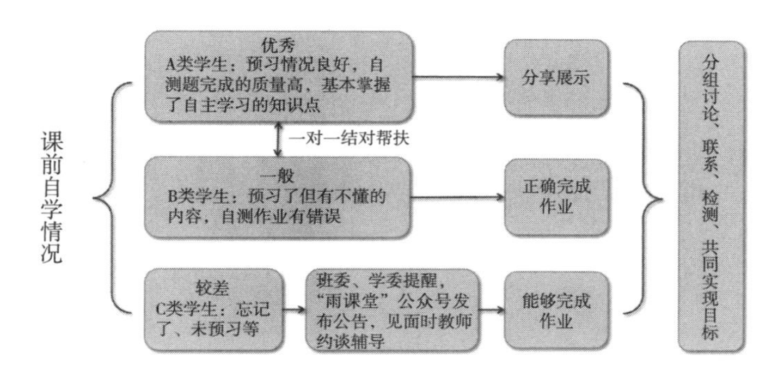

## （三）课中 BOPPPS 教学模式

修订教材，补充新内容，重构内容结构。同时采用有效的 BOPPPS 教学模式，关注学生分析和解决问题的能力，结合学科热点且融入“课程思政”。BOPPPS 教学结构，首先是引入，在这个过程中采用提出挑战性问题、关联时事或日常经验或给出惊人的论点论据。链接学习主题，吸引学生注意。创设教学氛围，建立学习动机。阐明学习目的，说明学生在这堂课结束后该知道什么、能做什么、有什么样的态度和价值观。前测与学习目标紧密相连，可以了解学生的学习程度。接下来进行参与式学习，可以提高学生的参与度。增强师生互动、生生讨论，开展团队活动、进行合作，适应多层次的教学目标。后测了解学生学到了什么，是否达到了学习目标。最后进行摘要、总结，帮助学生总结、整合课堂内容，引导学生反思，延伸学习。学生可以总结本节课的收获，提出存在的疑惑。

有效教学结构：BOPPPS

Objective/ Outcome 目标

Pre-assessment 前测

Bridge-in 引入

Participatory learning 参与式学习

Post-assessment 后测

Summary 总结

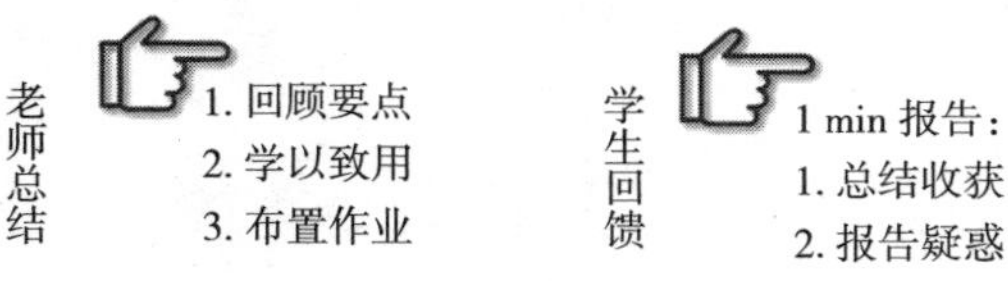

师生互动：

表扬学生的努力与成果

指出可改进的地方

## （四）课中参与式学习策略

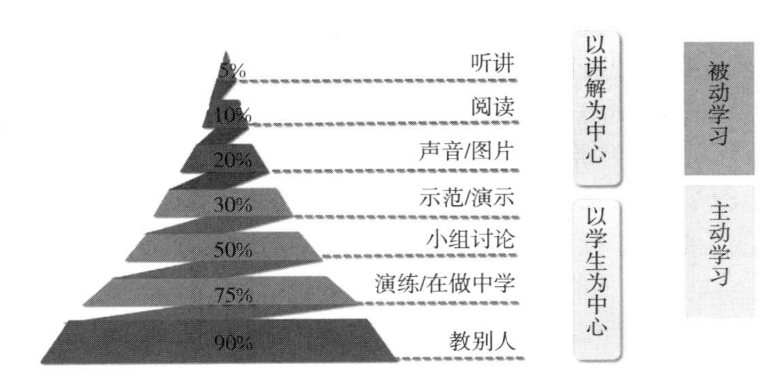


在教学过程中采用参与式学习策略，注重学生的探究与思考能力。根据“学习金字塔理论”，以学生为中心进行小组学习。在信息便利性的影响下，学生的互动频率逐渐减少，“如何与他人沟通和协调、如何通过团队合作解决问题”将是重要的问题。按照学生的特质和需要进行课堂教学，根据学生学习风格进行参与式学习的混合式教学设计就显得尤为重要。将课堂教学设计按照经验学习圈进行设计和实施，可以最大限度地兼顾学生的学习兴趣及学习需求，达到提高效率的学习效果。不同学习风格的学生在自己不擅长的方面互相弥补，每种学习风格都有自己的强项与挑战。

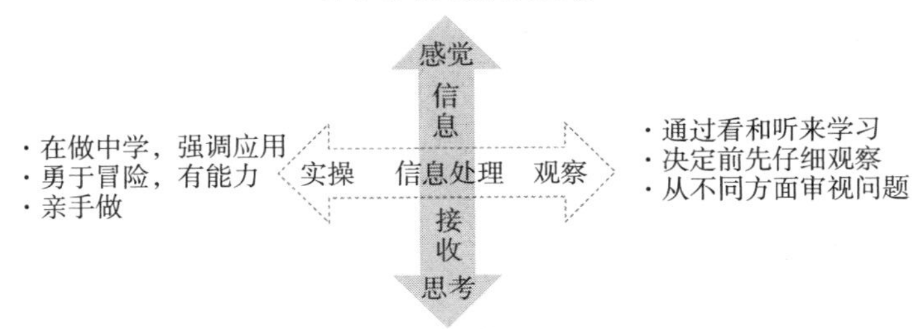


充分利用学生特质，让不同学习风格的学生交叉分组。课堂互动中不同学习风格的学生会潜移默化，彼此取长补短。分析型、反思型的学生注重信息的感觉和实操；想象型的学生注重实操和信息的接收及思考；思考型、决定型、均衡型、行动型的学生偏向于感觉信息和观察；经验型和启动型的学生偏重于对信息的观察、接收及思考。学习风格不存在优劣的价值判别，之间存在一定的互补性，因此在教学设计中应充分考虑到学生特质、差异的存在。

根据学习风格分组后，在整个教学过程中采用 4F（Fact \ Feel \ Find \ Future）引导法（客观事实、感受反应、意义价值、决定结论）和 TPS（Think \ Pair \ Share）法（独立思考、两两讨论、分享讨论结果）。这种参与式学习策略不受环境限制，可以做到不同意见能够交流，提高学生的分享意愿，增加学生的发言机会。头脑风暴法、“So What?”游戏，能够对一个问题尽可能罗列出最多的答案或解决方案，引发深入思考。在“智慧站点”，每人提供 1～2 个想法，大家互相交流。通过“电子互动”，学生能充分运用雨课堂、超星等资源进行讨论。

参与式讨论是一种有意义的、螺旋式上升的学习，学生通过实际主观经验的反思整理，能获得对自己有意义的结果，建构在自己认知的架构中，提升自己解决新问题的新能力。

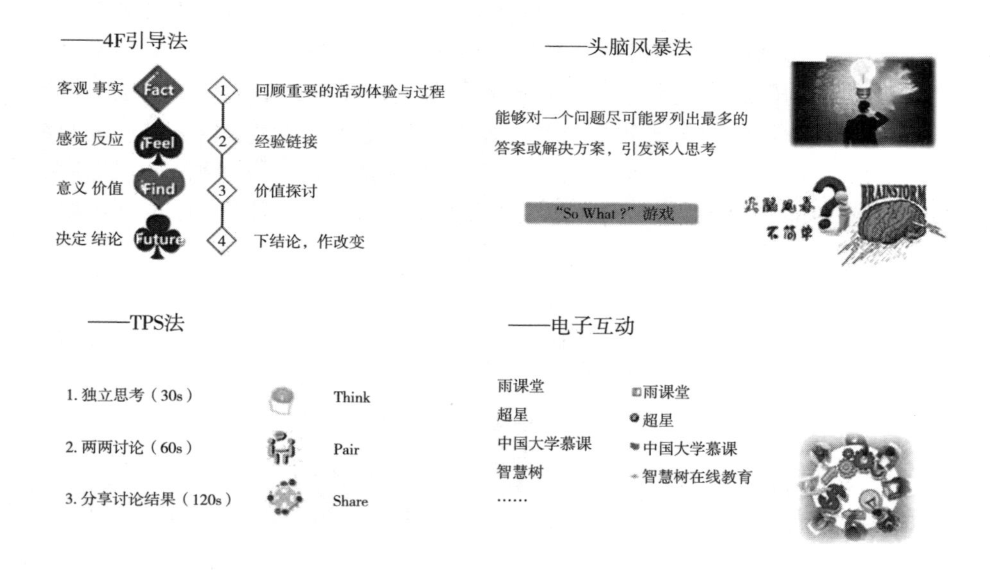


## （五）课后项目创新

针对线下讲授不足，强化线下实训实验部分，实施“产品导向式”的模式，以典型的乳品生产任务为载体进行线下教学补充，实现课程“教、学、做”的一体化，包括考察牧区、参观企业、走进实验室科研探索、虚拟仿真、参加学科竞赛等方面。社会服务方面包括对中小学生进行科普讲解，宣传中国传统乳制品。

课后阶段：社会服务

课后阶段：社会服务

线下实训的实验部分能使学生进一步理解加工原理、工艺要点、注意事项和结果分析各个方面。具体设计为将全班分成小组，每组有 5～6 人。教师指点学生操作细节，评价实验结果；实验结束后，学生撰写实验报告。课后进行分析、讨论、再设计是学习深度的体现。随着学习的进展，实验报告的写作质量也会逐渐提升。在整个教学作业布置过程中，设置创新型竞赛活动，学生自主设计产品，研发产品配方。小组互评后，选出优秀作品参加全国大学生畜产品创新创业大赛及多种创新比赛。同时，学生还可以将实验过程撰写科研论文并发表。

## 应用导向——仿真支持

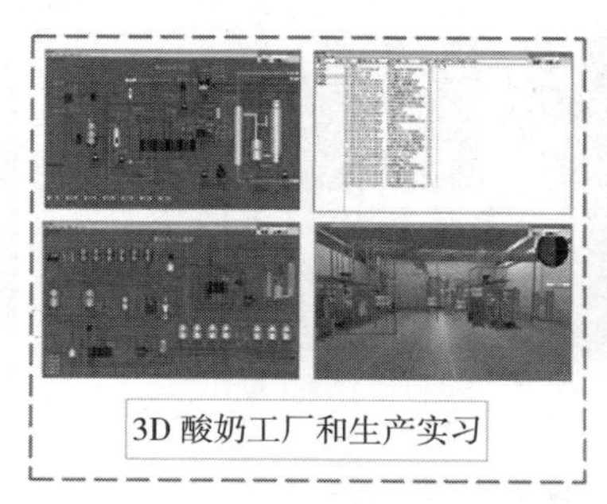
3D 酸奶工厂和生产实习

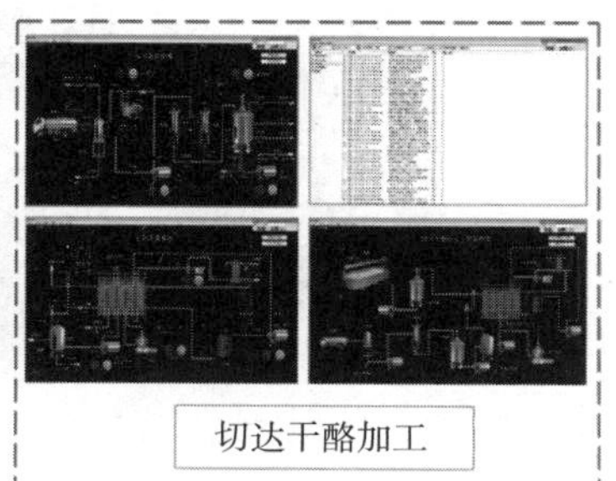
切达干酪加工

## 创新特色

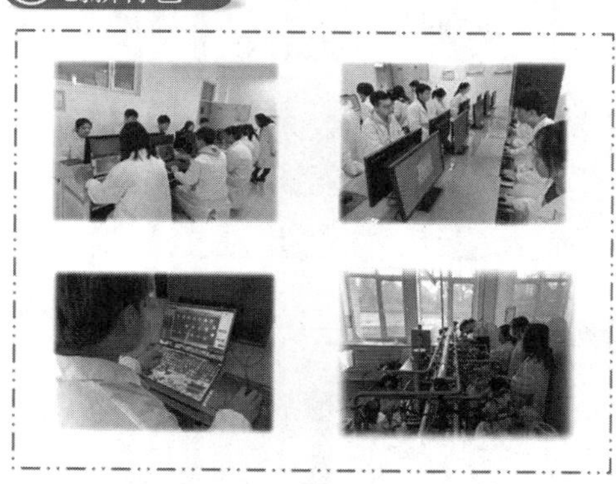

### 工程实践训练

酸奶、干酪加工及喷雾干燥等3D仿真软件的操作，能培养实验实践生力军，激发学生学习钻研科学实验理论和技术的热情，鼓励学生重视实践动手能力，在科学实验中充分发挥自己的创造才能，深化实验实践课程改革。

## 创新特色

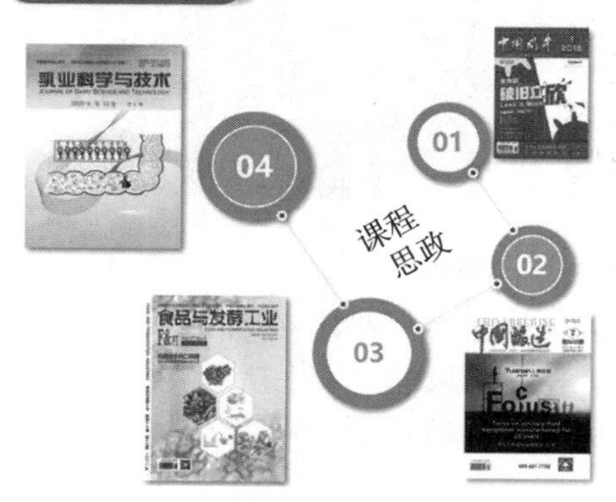


### 科研实践 发表论文

学习评价模块体现前沿性与时代性，并及时将学术研究、科技发展、前沿成果引入课程；强调学术性的同时，学习过程中以落实思想性为基础，提高实践性要求，积极引导学生深度学习。

## 六、教学评价与反馈

教学评价可充分利用信息技术与线下授课相结合。课前，教师采用雨课堂平台上传章节学习课件、拓展资源、中英文参考文献、习题库、布置作业等。教师上传课件后，学生可以预习、自主学习。学生提出问题，教师进行梳理汇总。课中，采用 BOPPPS 教学结构，教师通过 PPT 讲授重点内容，补充学生经网络自学可能出现的疏漏。学生也可以重点学习课前预习没有看懂的部分。讲授过程中注意设立问题举实例，用恰当的提问引发学生思考，激发他们学习的主动性。讲授知识点过程中注意知识的扩展和知识点在实际生活中的应用，引导学生理论联系实际，达到最佳学习效果。部分内容以虚拟仿真及实验实训的方式完成。课后，布置作业，有关学科前沿、企业实际加工、产品安全等的热点问题可以在线上讨论区讨论，教师线上提问、答疑。课程成绩评定方式：综合成绩（100%）＝线上（30%）＋期末考试（40%）＋线下（30%）。

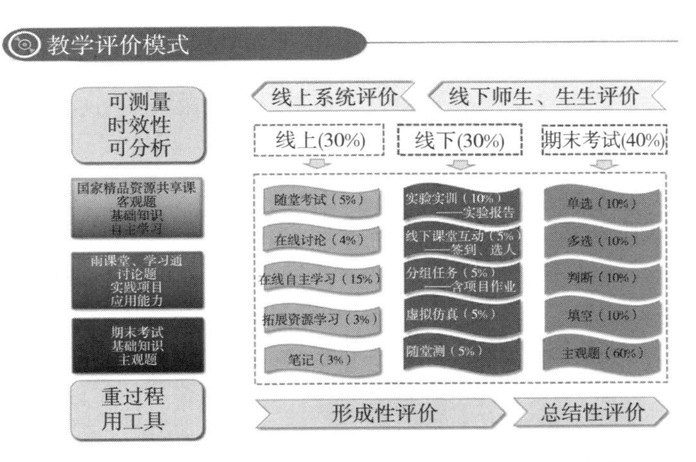


教学评价采用多元评价，注重学生的过程性考核，同时采用电子信息手段吸引学生体验。在这个教学组织上，采用线上、线下的混合式教学方式。

以学生为中心，打造有温度、有深度的课堂两融合，建立知识、能力、思维、素养四维度的学习目标，最终完成创新性人才的培养。

## 七、课程资源

智慧树（浙江大学刘建新教授，主讲《乳的奥秘》）

超星（华南农业大学蒋爱民教授，主讲《畜产品加工》）

# 第一章　乳的性质和化学组成

## 一、乳的性质

### （一）教学目标

1. 知识目标

◇能在不借助外界资料的情况下，阐述乳的色泽及其形成原因。

◇通过本节课的学习，学生能正确阐述乳的几大物理性质及其意义。

2. 能力目标

◇通过对乳脂肪球与乳蛋白质大小进行联想比较，结合乳成分在复合胶体体系的存在状态，培养学生的想象力、连贯思维的能力。

◇通过丁达尔效应对乳外观的解释，让学生学会将实际与理论知识相结合，引导学生树立正确的学习态度和积极探索、解决实际问题的科学精神。

◇通过对乳密度、冰点、滴定酸度定义的分析，从多角度帮助学生理解冰点可以判断乳中是否掺水及用滴定酸度判断乳是否新鲜的原因。

3. 情感目标

◇通过对乳成分快速检测应用的讲解培养学生的创新精神，通过实例介绍让学生体验科研的魅力，探索求知。

◇通过引入环节来观察生活细节、产品。乳光学特性的应用可以在乳品工业进行乳成分的快速检测。使学生明白看似再平常不过的现象，也值得去探究。

◇通过解释乳的物理性质会影响产品的品质，揭示任何加工处理方法都不是食品安全、稳定的万能锁，只有建立专业、负责、细致的完整体系，才能保证高品质产品的生产。

### （二）教学内容分析

1. 教学内容

◇乳的光学特性

◇乳的色泽

◇ 乳的物理性质

2. **教学重点与难点**

◇ 乳光学特性的应用

**处理方法：**理论联系实际，引导学生从成分的角度思考不同品种乳差异的原因。首先从乳的组成、主要成分的物理性质及主要成分在显微镜下的状态、大小的角度分别进行分析；接着从乳的外观、脂肪球与酪蛋白对光散射的应用、均质等角度分析光学特性的应用，进而理解乳成分快速检测的原理。

◇ 乳的缓冲能力

**处理方法：**重点讲解并启发学生主动思考。以学生熟悉的实例作为问题的切入点，让学生思考牛血液的 pH 为 7.4，为何牛乳的 pH 为 6.5～6.7？引入乳的缓冲能力的概念。通过分析酪蛋白的特点，解释弱酸盐离子和酪蛋白对乳的缓冲能力的贡献，最终得出乳的酸度是乳缓冲能力的表征方法。采用 PPT 动画演示与文字讲解相结合的形式，帮助学生理解乳的滴定酸度。

## （三）教学思路

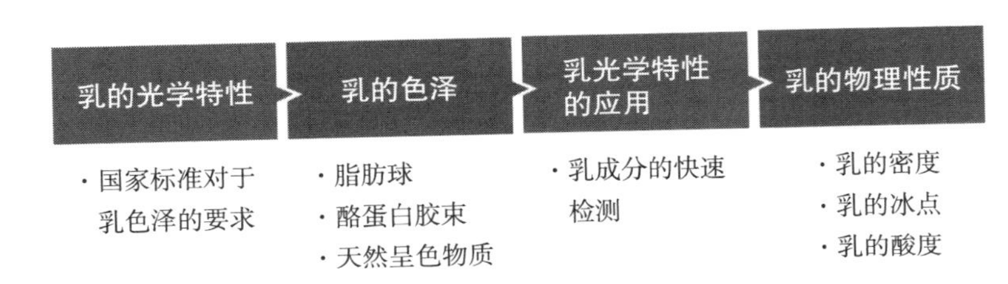


## （四）教学进程具体设计（45 min）

| 教学意图 | 教学内容 | 教学环节设计 |
| --- | --- | --- |
| **1. 引入** | | |
| 采用提问的形式激发学生学习的兴趣，引起学生思考。 | 为什么乳的颜色是白色或微黄色？这样的乳新鲜吗？掺水了吗？该如何评价？ | PPT 演示及提问。<br>提问：为什么乳的颜色会有差异？ |

（续）

| 教学意图 | 教学内容 | 教学环节设计 |
| --- | --- | --- |
| **2. 乳的光学特性** | | |
| 讲述国家标准中对原料乳色泽的要求。 | 我国国家标准中对原料乳的色泽要求为呈乳白色或微黄色。 | PPT 演示及提问。<br>提问：大家平时是否注意过乳的颜色？国家标准中对乳的颜色有要求吗？ |
| 以 100 mL 牛乳为例，讲解乳的组成，引导学生从乳成分中思考乳的光学特性。 | 100 mL 牛乳中包括 87%的水、13%的干物质。其中，重要的有乳蛋白质、脂肪、离子、乳糖。从化学观点看，乳是各种物质的混合物，其中有以乳浊液即悬浮液存在的脂肪球，也有以胶体状态存在的蛋白质，以及以分子及离子状态存在的盐类和乳糖。 | PPT 演示及陈述讲解。 |
| 应用乳的光学特性可以进行乳成分的快速检测。 | 在紫外光区域，蛋白质中的芳香族氨基酸残基（酪氨酸、色氨酸）均在 280 nm 处出现强烈的光吸收，一部分紫外辐射在 340 nm 处以荧光的方式发射。这种荧光强度的检测可以用来对乳中蛋白质进行定量。而乳脂肪的双键在 220 nm 处会有非常强的光吸收。在红外光区域 6 465 nm 处主要的光吸收来自蛋白质的二酰胺基，在 9 610 nm 处主要来自乳糖的羟基，而在 5 723 nm 处的吸收主要来自脂类。这些都是利用红外分析仪对乳成分进行检测的理论基础。 | PPT 演示及陈述讲解。<br>提问：如何快速测定乳成分？乳的光学特性与什么有关？ |

（续）

<table>
<tr><th>教学意图</th><th>教学内容</th><th>教学环节设计</th></tr>
<tr><td></td><td></td><td></td></tr>
<tr><td colspan="3">3. 乳的色泽</td></tr>
<tr><td>从乳的外观入手进行讲解。</td><td>乳是不透明的胶体溶液，丁达尔效应是指粒子直径小于可见入射光波长时发生光的散射，这时观察到的是光波环绕微粒而向四周放射的光。<br><br>脂肪球及酪蛋白胶束具有对光进行散射的作用，通过观察可知，它们是乳浊度（散射）的主要贡献者。<br>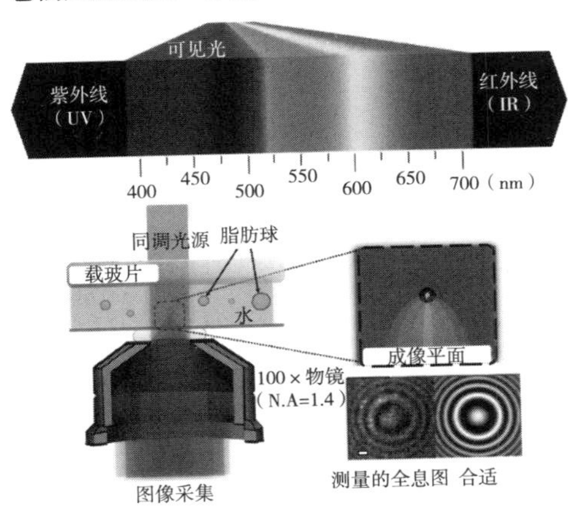<br></td><td>PPT 演示及提问。<br>提问：乳中哪些粒子的直径小于可见入射光波长?</td></tr>
</table>

（续）

| 教学意图 | 教学内容 | 教学环节设计 |
| --- | --- | --- |
| 脂肪球与酪蛋白胶束是乳浊度的主要贡献者，讲述其具体应用。 | 讲述脂肪球与酪蛋白胶束对光散射的应用，激光散射粒径仪。 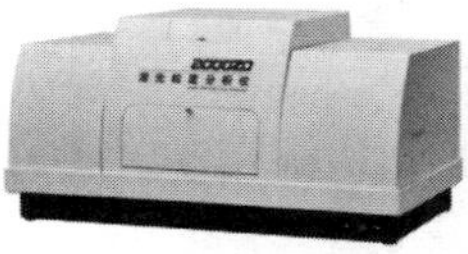 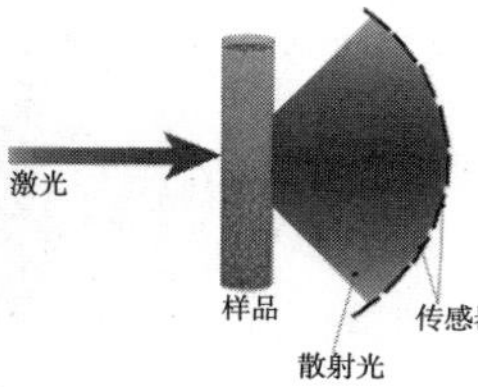 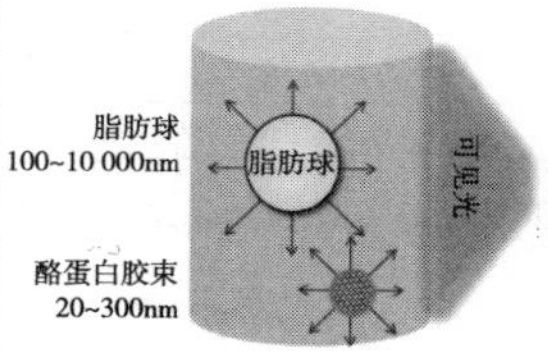 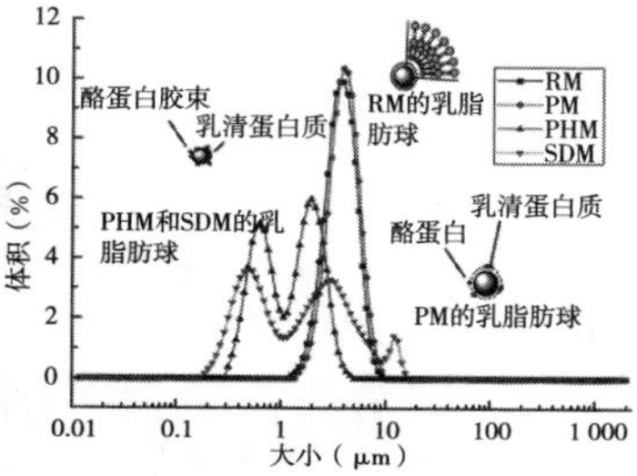 | PPT演示及陈述讲解。 |
| 结合实例分析乳的色泽，引发学生思考，激发学生学习的主动性。 | 乳是一种分散有脂肪球、酪蛋白胶束、乳清蛋白的且有许多溶质的复杂胶体体系，它不仅可以在几种波长下吸光，还可以散射和透射光。在可见光区域，乳中的核黄素在接近470 nm处有很强的光吸收（使乳清呈现黄绿色），而乳脂肪呈现黄色是由于乳脂中的β-胡萝卜素可以在460 nm处吸收光。<br>全脂乳中奶油的颜色来源于脂肪中的β-胡萝卜素成分。酪蛋白胶束所散射出的蓝色光线比红色光线更加强烈，这使得脱脂乳带有淡淡的蓝色。经过均质处理的全脂乳颜色会变白。  | PPT动画演示及陈述讲解。 |

（续）

| 教学意图 | 教学内容 | 教学环节设计 |
| --- | --- | --- |
| 引导学生思考牛乳与羊乳色泽差异的原因。 | 牛乳的脂肪球粒径为0.9～15 μm，维生素A以前体形式即β-胡萝卜素存在（黄色），吸收波长为450 nm。<br>羊乳的脂肪球粒径为0.7～8 μm，维生素A以其活性形式存在（无色），吸收波长为328 nm。<br>牛乳　羊乳 | PPT演示及提问。<br>逐步提问：牛乳和羊乳的颜色相同吗？受哪些因素的影响？ |
| **4. 乳光学特性的应用** | | |
| 结合实际讲解乳光学特性的应用。 | 讲述光学特性的主要应用——乳成分的快速检测，每天可检测4 500个样品。<br>乳成分对光的吸收：在红外区乳成分的许多功能基团有吸收作用，如乳糖的羟基吸收波段为9.61 μm，蛋白质的氨基酸吸收波段6.465 μm，脂肪的脂羧基吸收波段为5.723 μm。<br> 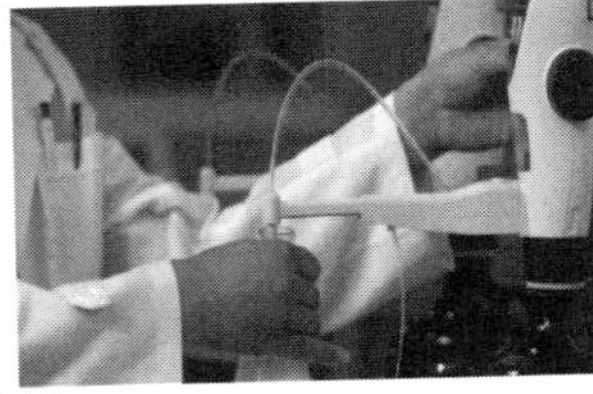 | PPT动画演示及陈述讲解。 |
| **5. 乳的物理性质** | | |
| 除色泽外，乳的物理性质也对乳品质有影响。结合图片，讲解乳的第一个物理性质——密度。 | 讲解乳的第一个物理性质——密度。乳的密度是指一定温度下单位体积乳的质量，取决于组成、温度。在20℃下，乳的密度为1 030 kg/m³。乳的密度随着非脂乳固体含量的增加而增加，随着脂肪含量的增加而降低。测定乳密度的意义在于估算乳中干物质的含量。<br><br>水　$\rho^{20}$=998 kg/m³<br>脂肪　$\rho^{20}$=917 kg/m³<br>蛋白质　$\rho^{20}$=1 400 kg/m³<br>乳糖　$\rho^{20}$=1 780 kg/m³<br>盐类　$\rho^{20}$=1 850 kg/m³ | PPT演示及陈述讲解。 |

（续）

<table>
<tr><th>教学意图</th><th>教学内容</th><th>教学环节设计</th></tr>
<tr>
<td>结合PPT，讲解乳的第二个物理性质——冰点。</td>
<td>
讲解乳的第二个物理性质——冰点。牛乳的冰点为－0.565～－0.525 ℃，平均为－0.540 ℃。牛乳掺水后，会造成冰点升高，因此，可以通过测定冰点来评估乳的掺水量。 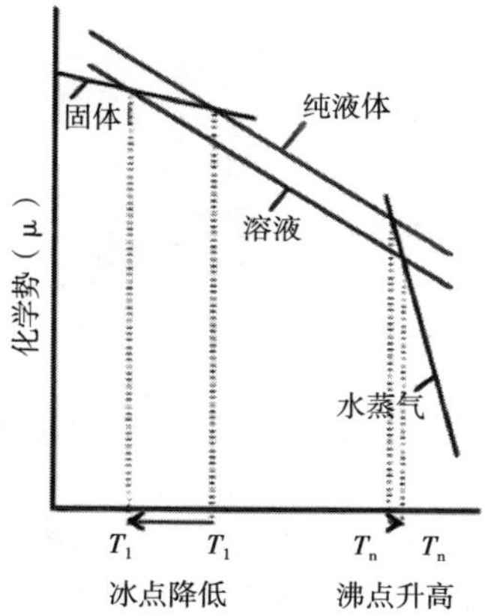
<br><br>
<table>
<tr><td>掺水比例（%）</td><td>0</td><td>10</td><td>20</td><td>30</td><td>40</td><td>50</td><td>60</td><td>70</td><td>80</td><td>90</td></tr>
<tr><td>冰点（℃）</td><td>－0.540</td><td>－0.486</td><td>－0.432</td><td>0.378</td><td>－0.324</td><td>－0.270</td><td>－0.216</td><td>－0.162</td><td>－0.108</td><td>－0.054</td></tr>
</table>
<br>
讲解乳的冰点的稳定性及影响因素。在乳中，由于乳脂肪球、酪蛋白和乳清蛋白分子的粒子大且质量大，因此对冰点无明显影响。乳糖、盐类对乳冰点降低的贡献率分别为55%、25%和20%。乳的渗透压与血液中的相等，因此正常乳中乳糖及盐类的含量基本不变（个体差异小于1%），冰点比较稳定。 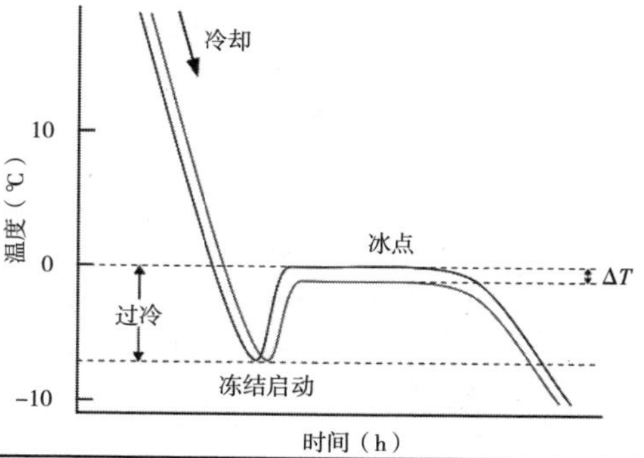
</td>
<td>PPT演示及陈述讲解。</td>
</tr>
</table>

（续）

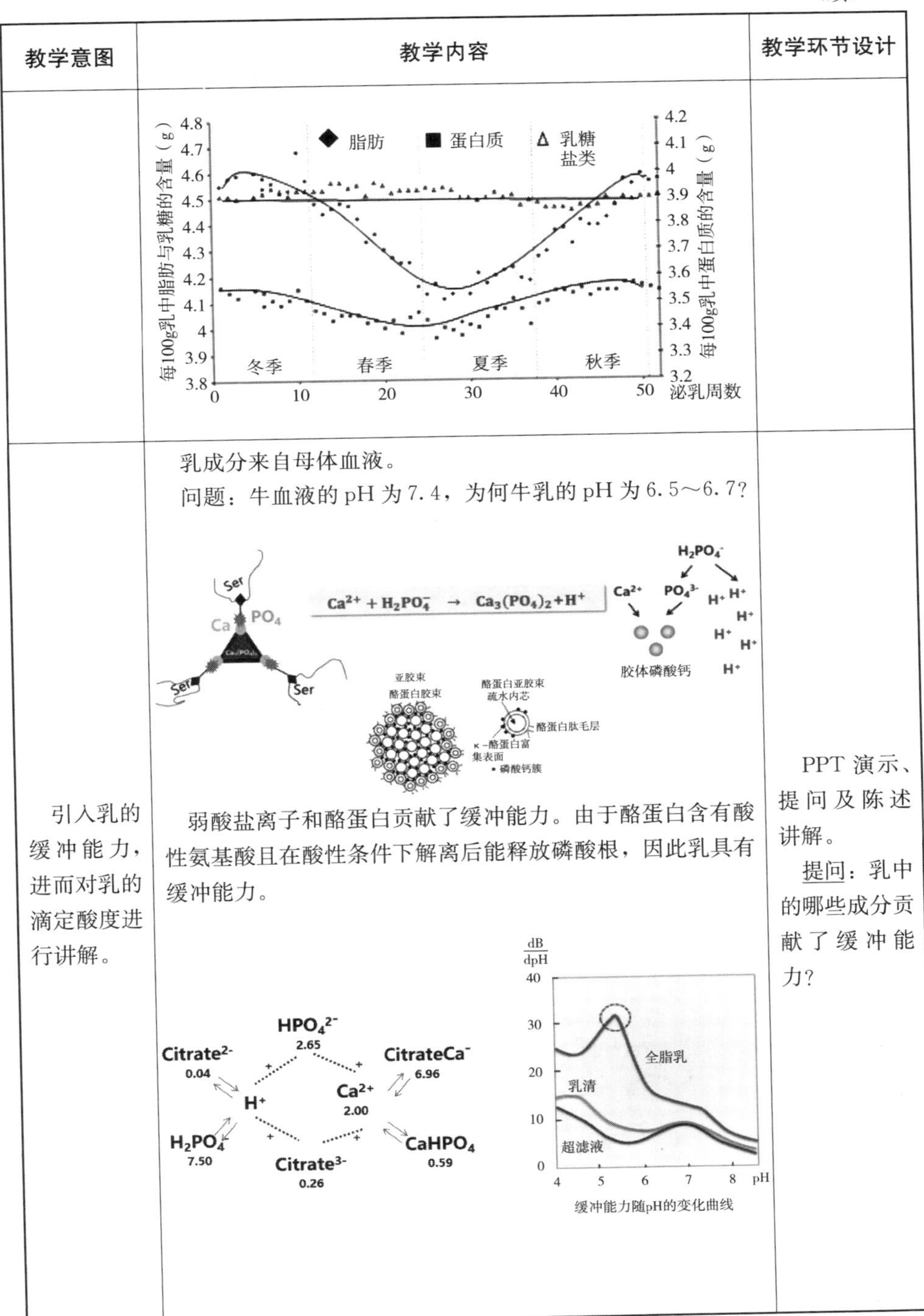


| 教学意图 | 教学内容 | 教学环节设计 |
| --- | --- | --- |
| | | |
| 引入乳的缓冲能力，进而对乳的滴定酸度进行讲解。 | 乳成分来自母体血液。<br>问题：牛血液的pH为7.4，为何牛乳的pH为6.5～6.7？<br>弱酸盐离子和酪蛋白贡献了缓冲能力。由于酪蛋白含有酸性氨基酸且在酸性条件下解离后能释放磷酸根，因此乳具有缓冲能力。 | PPT演示、提问及陈述讲解。<br>提问：乳中的哪些成分贡献了缓冲能力？ |

（续）

<table>
<tr><th>教学意图</th><th>教学内容</th><th>教学环节设计</th></tr>
<tr><td>结合PPT，讲解乳的滴定酸度。</td><td>乳的滴定酸度可以表征其缓冲能力。<br>吉尔涅尔度（°T）：以酚酞为指示剂，中和 100 mL 乳所消耗 0.1 mol/L 氢氧化钠溶液的体积（mL）。<br>乳酸度（%）：乳中所含乳酸的质量分数（将乳中的酸根均看作乳酸）。 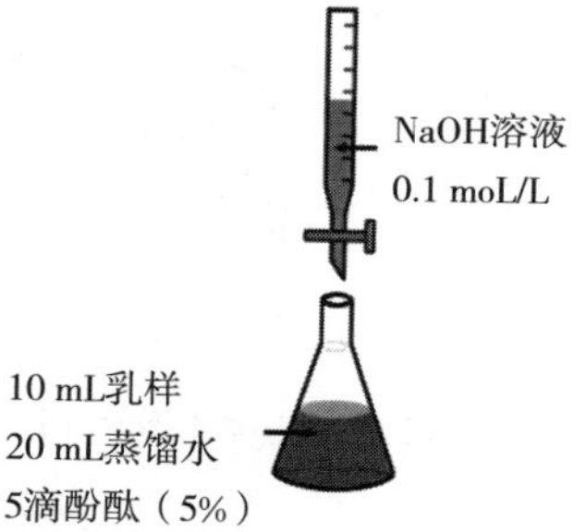<br>NaOH溶液<br>0.1 moL/L<br>10 mL乳样<br>20 mL蒸馏水<br>5滴酚酞（5%）</td><td>PPT 演示及陈述讲解。</td></tr>
<tr><td>分别从自然酸度和发酵酸度两方面，结合 PPT 讲解测定乳的滴定酸度的意义。</td><td>自然酸度：判断乳是否新鲜。刚挤出的新鲜乳的酸度称为固有酸度或自然酸度，稳定不变，滴定酸度超过 18 °T 则表示微生物繁殖产酸。<br>固有酸度来源<br><table><tr><td>酪蛋白（%）2.2 °T</td><td>共 5.7 °T</td></tr><tr><td>乳清蛋白（%）1.4 °T</td><td>共 0.9 °T</td></tr><tr><td>胶体态的磷酸盐（mmoL/L）0.1 °T</td><td>共 1.0 °T</td></tr><tr><td>溶解态的磷酸盐（mmoL/L）0.7 °T</td><td>共 7.8 °T</td></tr><tr><td>其他成分 1.5～2 °T</td><td>共 1.7 °T</td></tr><tr><td>合计</td><td>16～18 °T</td></tr></table>发酵酸度：由于微生物能发酵产酸，故可引起乳酸度升高。可通过监控发酵过程中乳酸的生成量来测定乳的发酵酸度，酸乳的总酸度一般为 90 °T。<br>细菌酶<br>乳糖酶<br>乳糖 → 葡萄糖 半乳糖 → 乳酸</td><td>PPT 演示及陈述讲解。</td></tr>
</table>

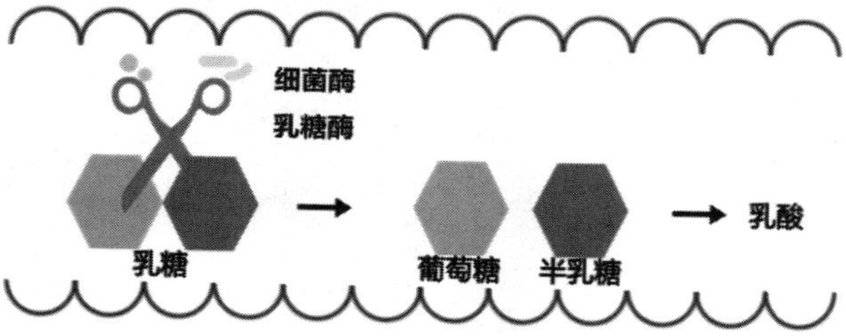

（续）

| 教学意图 | 教学内容 | 教学环节设计 |
| --- | --- | --- |
| 6. 小结 | | |
| 总结梳理本节课的知识脉络，课下自主查阅资料，完成思考题。 |    <br>重点掌握：哪些乳成分是乳浊度与色泽的贡献者？乳成分快速检测的原理是什么？乳的几个物理性质及其测定意义是什么？哪些乳成分构成了乳的缓冲能力？<br>思考题：灭菌牛乳和巴氏杀菌乳哪个更白？褐色乳中的褐色真的是炭烧出来的吗？ | PPT 演示及陈述讲解。 |

## （五）板书设计

**1. 乳的色泽**

脂肪球

酪蛋白胶束

天然呈色物质

**2. 乳光学特性的应用**

**3. 乳的物理性质**

密度

冰点

缓冲能力

## （六）参考文献

冯晓涵，庄柯瑾，田芳，等，2019. 液态配方乳储藏过程中物理性质变化的研究［J］. 食品工业科技，40（15）：45-51.

蒋爱民，张兰威，2019. 畜产食品工艺学［M］. 北京：中国农业出版社.

王新，2019. 炭烧饮用型酸奶稳定性研究［J］. 中国奶牛（1）：29-32.

张兰威，蒋爱民，2016. 乳与乳制品工艺学［M］. 北京：中国农业出版社.

周光宏，2013. 畜产品加工学［M］. 北京：中国农业出版社.

## （七）预习任务与课后作业

1. 思考题：加热会造成钙离子和磷酸根离子向酪蛋白胶束中迁移，这样的过程如何影响乳的 pH?

2. 通过雨课堂预习下节课的内容，并观看相应视频。

3. 课堂上涉及的专业英语词汇及相关知识的最新前沿进展文献都将通过雨课堂的方式推送给学生。

## （八）要求掌握的英语词汇

- 乳浊液 emulsion
- 胶体溶液 colloidal solution
- 粒子直径 particle diameter
- 表面积 surface area
- 组成 composition
- 冰点 freezing point
- 滴定酸度 titratable acidity
- 干物质 dry matter
- 微粒子分散 fine dispersion
- 体积分数 volume fraction
- 粒子数量 number of particles
- 分离方法 separation method
- 密度 density
- 缓冲能力 buffering capacity
- 温度 temperature

# 二、乳 脂 肪

## （一）教学目标

### 1. 知识目标

◇ 学生能准确阐述乳脂肪的组成。

◇ 学生能复述乳脂肪球的产生过程及其大小、结构、特性。

### 2. 能力目标

◇ 通过认识乳脂肪产品，激发学生探究的兴趣，培养学生理论联系实际和独立思考的能力。

### 3. 情感目标

◇ 以乳脂肪球的特性为切入点，使学生能够认识不同乳脂肪产品的特点，能够在思考中抓住问题的本质，寻求有效的合理化解决方案。

## （二）教学内容分析

### 1. 教学内容

◇ 乳脂肪的组成

◇ 乳脂肪球的特点

◇ 乳脂肪产品

**2. 教学重点与难点**

◇ 乳脂肪球的特点

**处理方法：**乳脂肪球的大小、结构影响着乳产品的品质特性，以乳脂肪球特性为基础提升产品质量是有理论依据的。教材中对于乳脂肪球的形成过程及主要结构特性的描述不够清晰，学生难以从文字中获取有效信息。因此，以学生熟悉的生活实例作为问题的切入点，首先从乳脂肪的组成引入，使学生认识到乳脂肪在乳中的重要地位；其次结合清晰的图片并配合动画演示，展示乳脂肪球的特点。

## （三）教学思路

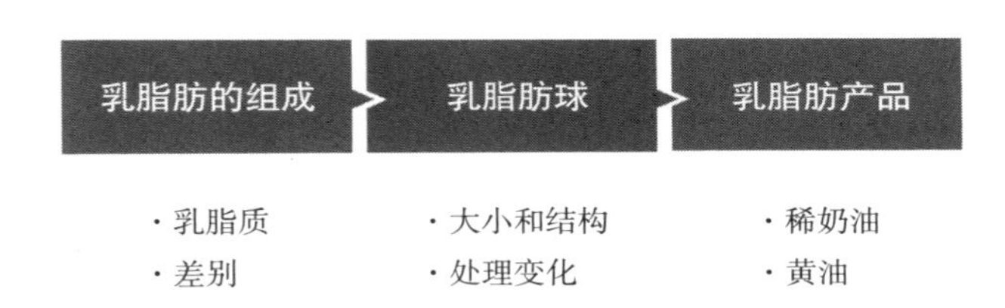


## （四）教学进程具体设计（45min）

| 教学意图 | 教学内容 | 教学环节设计 |
|---|---|---|
| **1. 引入** | | |
| 从生活案例出发，吸引学生的兴趣。 | 在生活中，我们通常可以发现，鲜乳在静置一段时间后脂肪会发生上浮现象，在表层形成稀奶油。 | 提问：大家在喝牛乳时有没有发现有脂肪上浮的情况？超市中买的液态乳也有这样的情况吗？ |

（续）

| 教学意图 | 教学内容 | 教学环节设计 |
| --- | --- | --- |
| **2. 乳脂肪的组成** | | |
| 结合 PPT 讲解乳脂肪的组成。 | 乳脂肪由甘油三酯、甘油双酯、甘油单酯、游离脂肪酸、游离固醇和磷脂组成。其中，甘油三酯的占比最大，达到97%～98%；甘油单酯的占比最小，仅有0.016%～0.038%。 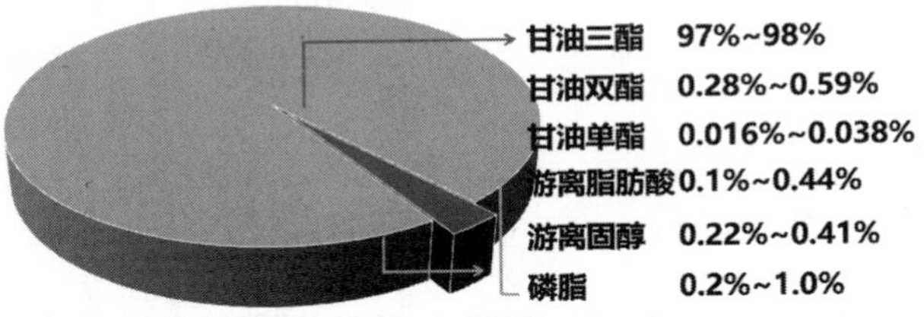<br>甘油三酯 97%~98%<br>甘油双酯 0.28%~0.59%<br>甘油单酯 0.016%~0.038%<br>游离脂肪酸 0.1%~0.44%<br>游离固醇 0.22%~0.41%<br>磷脂 0.2%~1.0% | PPT 演示及陈述讲解。 |
| 讲述乳中的极性脂质可以分为磷脂类和鞘脂类。 | 乳中的极性脂质包括磷脂类和鞘脂类，其中磷脂类主要分为甘油磷脂和含量较高的神经鞘磷脂。乳中的极性脂质分子具有两相性及营养特性，如乳化特性、抑制大肠癌、抑制胆固醇的吸收等。 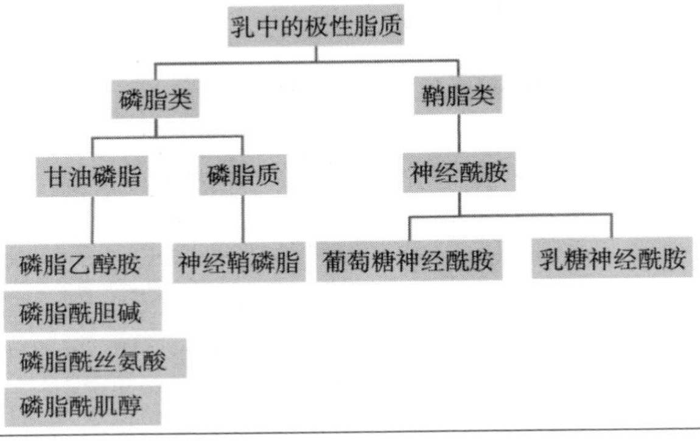<br>乳中的极性脂质<br>磷脂类<br>鞘脂类<br>甘油磷脂<br>磷脂质<br>神经酰胺<br>磷脂乙醇胺<br>神经鞘磷脂<br>葡萄糖神经酰胺<br>乳糖神经酰胺<br>磷脂酰胆碱<br>磷脂酰丝氨酸<br>磷脂酰肌醇 | PPT 演示及陈述讲解。 |
| **3. 乳脂肪球** | | |
| 通过剖析乳脂肪球膜的结构，学习乳脂肪球的产生过程。 | 粗面内质网合成甘油三酯微粒后，表面覆盖磷脂单层膜；甘油三酯微粒在迁移至细胞顶端过程中相互融合；在乳腺上皮细胞的分泌过程中，脂肪球不断被顶端的磷脂双分子层细胞膜包裹。 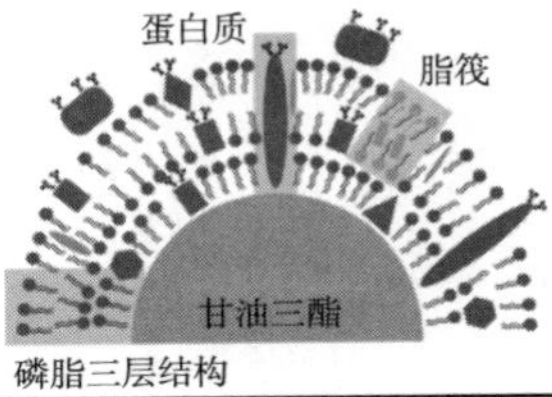 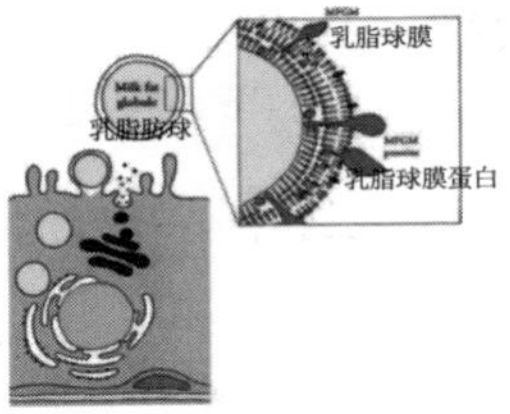<br>蛋白质<br>脂筏<br>甘油三酯<br>磷脂三层结构<br>乳脂球膜<br>乳脂肪球<br>乳脂球膜蛋白 | PPT 演示及陈述讲解。 |

（续）

| 教学意图 | 教学内容 | 教学环节设计 |
| --- | --- | --- |
| 对比讲解人乳和牛乳中脂肪结构的区别。 | 人乳和牛乳中 OPO（重要的甘油三酯）的区别在于二者结构不同：人乳中的 OPO 结构利于人体内脂肪酶水解，使得不饱和脂肪酸、钙被吸收；牛乳中的 POP 结构能使饱和脂肪酸在小肠中与钙发生皂化反应，形成不溶性结构，使得吸收不良、排硬便及能量和钙流失。<br>对此，婴幼儿配方乳粉的改善策略为：改造脂肪结构，构建 OPO 结构的油脂。 | PPT 演示及陈述讲解。 |
| 讲解不同状态和产品中乳脂肪球的结构大小。 | 采用不同的加工过程形成的不同乳产品形态和种类中，乳脂肪球的大小不同。乳脂肪球粒径 1～8 μm，平均 4 μm。 | PPT 演示及陈述讲解。 |
| 结合 PPT 演示介绍乳脂肪球的结构。 | 磷脂类：磷脂酰胆碱占比为 35%，磷脂乙醇胺占比为 30%，磷脂酰肌醇占比为 5%，磷脂酰丝氨酸占比为 3%，神经鞘磷脂占比为 25%。 | PPT 演示及陈述讲解。 |

（续）

| 教学意图 | 教学内容 | 教学环节设计 |
| --- | --- | --- |
| | 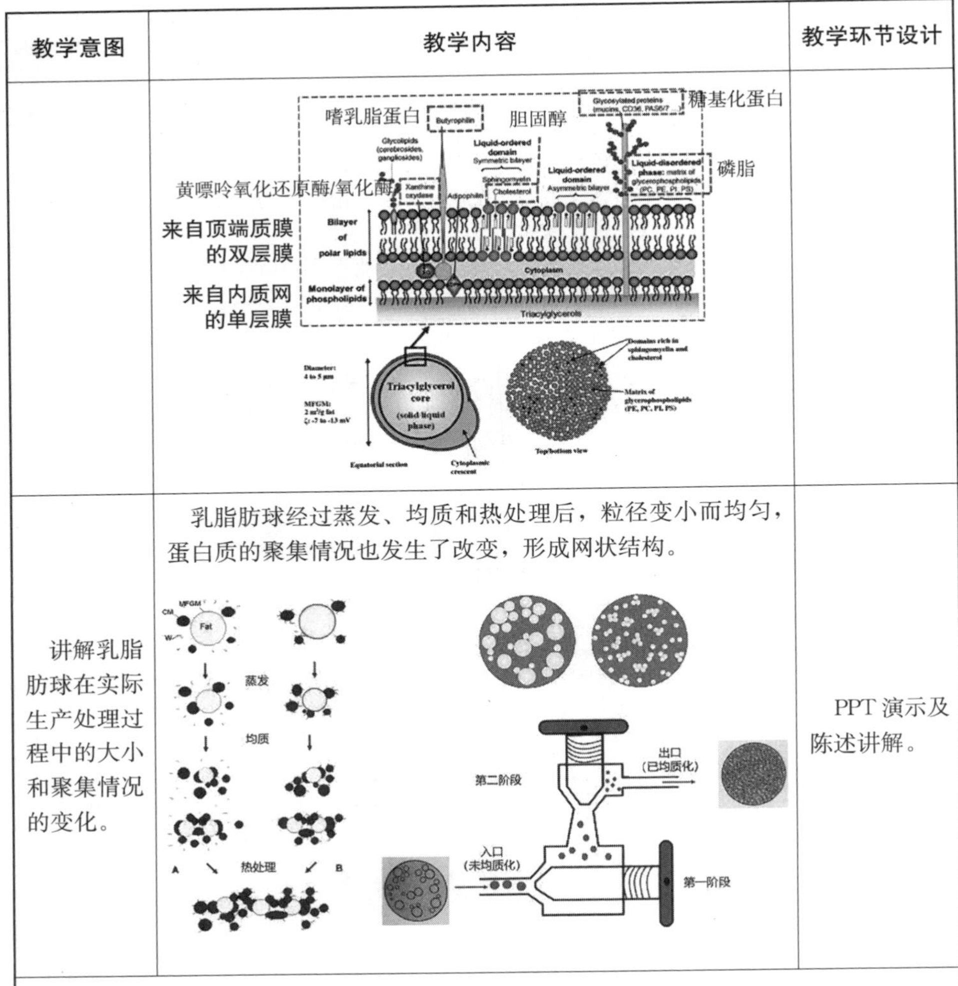 | |
| 讲解乳脂肪球在实际生产处理过程中的大小和聚集情况的变化。 | 乳脂肪球经过蒸发、均质和热处理后，粒径变小而均匀，蛋白质的聚集情况也发生了改变，形成网状结构。 | PPT 演示及陈述讲解。 |
| **4. 乳脂肪产品** | | |
| 产品的特性受到结构的影响，结合实例讲解乳脂肪产品的特性。 | 冰结晶：直径 50 μm，在非常迅速冷冻时则较小。乳糖结晶：直径 20 μm。空气泡：直径 60～150 μm。<br>泡沫薄片的厚度：未被结晶阻碍时直径为 10～15 μm。脂肪球：直径＜2 μm。脂肪球团块：直径 5～10 μm。<br> | PPT 演示及陈述讲解。 |

（续）

<table>
<tr><th>教学意图</th><th>教学内容</th><th>教学环节设计</th></tr>
<tr><td>举例讲解稀奶油和黄油的脂肪含量及脂肪形态。</td><td>稀奶油和黄油中的脂肪含量不同，稀奶油中的脂肪含量为35%～40%，而黄油中的脂肪含量大于80%。此外，稀奶油为水包油结构，黄油为油包水结构。<br><br>水包油状乳液　　　油包水状乳液</td><td>PPT演示及陈述讲解。</td></tr>
<tr><td>具体讲解乳脂肪产品中脂肪球的特点。</td><td>黄油的生产是利用乳脂肪熔点特性（熔点范围宽，为−40～37 ℃），冷却使脂肪结晶，搅打产生气泡，脂肪球围绕气泡-液界面产生晶体桥连。<br></td><td>PPT演示及陈述讲解。</td></tr>
</table>

（续）

| 教学意图 | 教学内容 | 教学环节设计 |
| --- | --- | --- |
| 利用乳脂肪熔点特性，冷却使脂肪产生结晶，通过PPT讲解乳脂肪的结晶特性。 | 大部分脂肪都具有三种多晶型类型，其稳定性从小到大排列：六角晶系＜常见的斜方晶系＜三斜晶系。 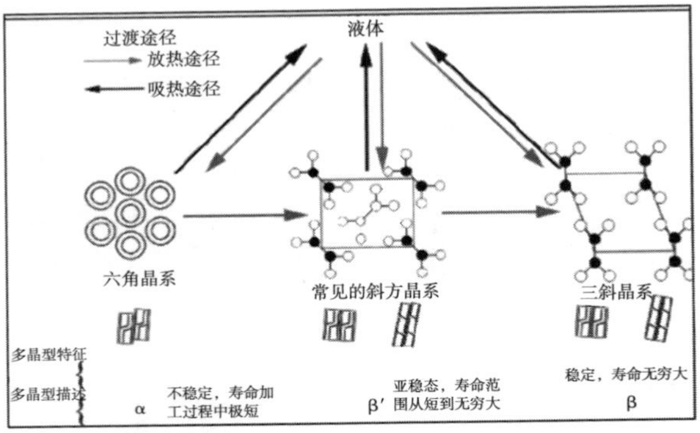 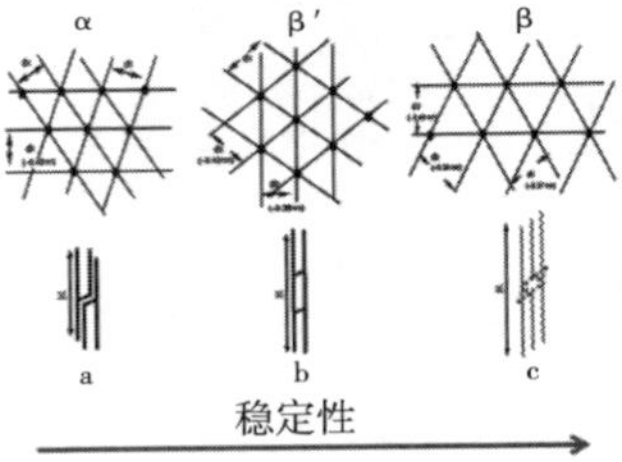 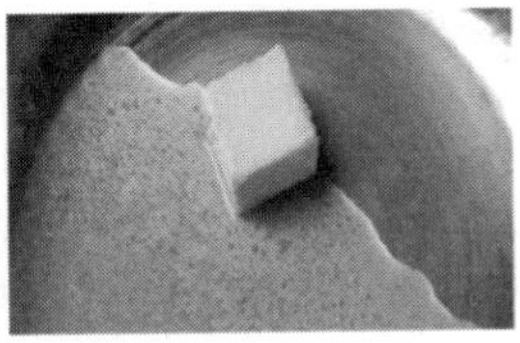 | PPT演示及陈述讲解。 |
| **5. 小结** | | |
| 总结梳理本节课的知识脉络，自主查阅资料，完成思考题。 | 重点掌握：乳脂肪球的结构、乳中甘油三酯的组成（脂肪酸模式和脂肪酸位置）、黄油和稀奶油的区别。<br>思考题：乳脂肪如何影响黄油的口感？ | PPT演示及陈述讲解。 |

## （五）板书设计

**1. 乳脂肪的组成**

乳脂质

差别

**2. 乳脂肪球**

大小和结构

处理变化

**3. 乳脂肪产品**

稀奶油和黄油

## （六）参考文献

郭文婕，伊丽，吉日木图，2021. 不同热处理的驼乳脂肪和脂肪球膜组成成分及特性［J］. 中国乳品工业，49（8）：10-15.

蒋爱民，张兰威，2019. 畜产食品工艺学［M］. 北京：中国农业出版社.

张兰威，蒋爱民，2016. 乳与乳制品工艺学［M］. 北京：中国农业出版社.

周光宏，2013. 畜产品加工学［M］. 北京：中国农业出版社.

LU J，LIU L，PANG X，et al，2016. Comparative proteomics of milk fat globule membrane in goat colostrum and mature milk［J］. Food Chemistry，209：10-16.

## （七）预习任务与课后作业

1. 思考题：脂肪的密度比水轻，如何控制乳中的脂肪上浮？

2. 通过雨课堂预习下节课的内容，并观看相应视频。

3. 课堂上涉及的专业英语词汇及相关知识的最新前沿进展文献都将通过雨课堂的方式推送给学生。

## （八）要求掌握的英语词汇

- 乳脂肪球膜　milk fat globule membrane
- 甘油三酯　triglyceride
- 奶油　cream
- 蛋白质　protein
- 卵磷脂　lecithin
- 黄油　butter

# 三、酪蛋白

## （一）教学目标

### 1. 知识目标

◇通过本节课的学习，学生能正确阐述酪蛋白胶束的形成过程及其稳定原理。

◇能在不借助外界资料的情况下，学生能复述酪蛋白的热稳定性和酪蛋白胶束的聚集。

### 2. 能力目标

◇课程中引入学科前沿知识，帮助学生理解分析，强调问题的解决方式。引导学生分析不同处理条件下酪蛋白胶束的稳定情况，增强学生的分析与归纳整合能力，帮助学生树立正确的学习态度和积极探索、解决问题的科学精神。

◇ 通过介绍在微生物不超标的情况下，巴氏杀菌乳或超高温乳的包装底层出现一层凝结物的现象解释酪蛋白胶束的聚集概念，培养学生将理论与实际有机结合的能力，启发主动思考。

3. 情感目标

◇ 通过课题引入环节，观察生活细节、产品，培养学生细心观察的习惯。在学习理论知识的基础上，提出生活实际中存在酪蛋白胶束的稳定性会影响产品的贮存期，并思考其解决途径，激发学生的学习兴趣，培养他们的专业水平和职业素养。

## （二）教学内容分析

1. 教学内容

◇ 酪蛋白胶束的形成过程

◇ 酪蛋白胶束的稳定原理

◇ 酪蛋白胶束的热稳定性

◇ 酪蛋白胶束的聚集

2. 教学重点与难点

◇ 酪蛋白胶束的聚集

**处理方法：**通过讲解酪蛋白加酸、酶、多价阳离子、有机溶剂、酶水解等分析酪蛋白胶束的聚集。由于涉及的因素较多且概念抽象，故学生不易理解与记忆。结合实际，以酸乳、蛋白补充剂、干酪素等产品举例加深对酪蛋白胶束的聚集性认识，帮助学生从不同角度理解酪蛋白胶束聚集的本质原因。

◇ 酪蛋白胶束的热稳定性

**处理方法：**首先，讲述酪蛋白胶束的形成机制，分别从疏水作用、静电作用、钙桥作用分析。其次，从静电排阻、空间位阻效应的作用分析酪蛋白胶束的稳定原理。最后，从酪蛋白的一级序列、胶束结构角度分析酪蛋白胶束的热稳定性。层层递进，帮助学生从多角度理解酪蛋白胶束热稳定的本质。

## （三）教学思路

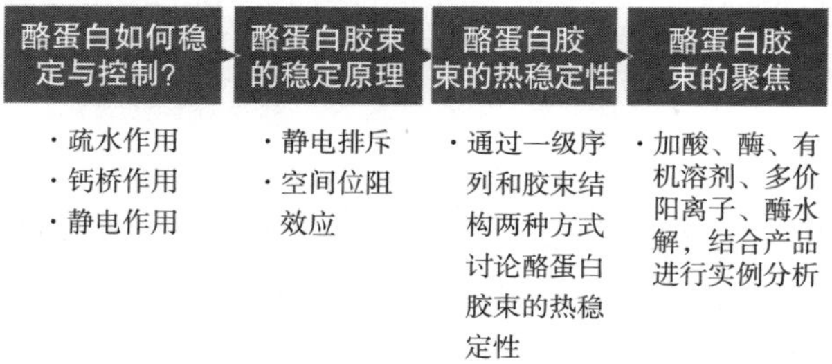

| 酪蛋白如何稳定与控制？ | 酪蛋白胶束的稳定原理 | 酪蛋白胶束的热稳定性 | 酪蛋白胶束的聚焦 |
| --- | --- | --- | --- |
| ·疏水作用<br>·钙桥作用<br>·静电作用 | ·静电排斥<br>·空间位阻效应 | ·通过一级序列和胶束结构两种方式讨论酪蛋白胶束的热稳定性 | ·加酸、酶、有机溶剂、多价阳离子、酶水解，结合产品进行实例分析 |

## （四）教学进程具体设计（45 min）

| 教学意图 | 教学内容 | 教学环节设计 |
| --- | --- | --- |
| **1. 引入** | | |
| 通过提问酪蛋白发生的质量问题、如何控制等引出。 | 讲述酪蛋白的稳定性是乳品质量的关键。 | PPT 演示及陈述讲解。<br>提问：乳有酸败的味道，是发生了什么？ |
| **2. 酪蛋白胶束的稳定原理** | | |
| 从乳成分的角度开始分析，讲述酪蛋白胶束在乳中的存在状态。 | 复习乳成分的内容。 | PPT 演示、提问及陈述讲解。 |
| 结合动画讲解酪蛋白胶束是如何形成的，进而讲述酪蛋白胶束的稳定原理。 | 讲述酪蛋白胶束是如何形成的。<br>①蛋白质-蛋白质之间的静电相互作用。带负电的羧基和带正电的氨基之间形成离子键，此作用存在于蛋白质分子内部或分子之间。相比于分子内部的作用，蛋白质分子之间的静电相互作用对于维持胶束结构更重要。<br>②蛋白质-钙之间的静电相互作用。磷酸基团对于酪蛋白胶束的结构非常重要，能与酪蛋白中的丝氨酸残基发生酯化。$\alpha_s$-酪蛋白和 $\beta$-酪蛋白依靠疏水作用，以及磷酸钙团簇的钙桥作用相互连接在一起。$\kappa$-酪蛋白依靠疏水作用与其他酪蛋白连接，与其他酪蛋白之间没有钙桥连接作用，因为 $\kappa$-酪蛋白分子中只有亲水端有一个磷酸基团。因此，$\kappa$-酪蛋白分子只能位于酪蛋白胶束的表面。$\kappa$-酪蛋白含量高，胶束粒径小；反之，胶束粒径大。<br>讲述酪蛋白胶束稳定的原理。<br>①静电排斥。在 pH 为 6.6、胶束表面带有负电荷（−30～−20 mV）时，胶束之间有静电排斥。 | PPT 演示及陈述讲解 |

（续）

<table>
<tr><th>教学意图</th><th>教学内容</th><th>教学环节设计</th></tr>
<tr><td></td><td>②空间位阻效应。胶束表面κ-酪蛋白的“毛发层”为胶束之间提供了空间排阻。</td><td></td></tr>
<tr><td colspan="3">3. 酪蛋白胶束的热稳定性</td></tr>
<tr><td>从酪蛋白一级序列结构的角度分析酪蛋白胶束的热稳定性。</td><td>讲述酪蛋白的热稳定性。酪蛋白中富含脯氨酸，与其他氨基酸不同，脯氨酸没有游离的α-氨基，不能形成链内氢键。R基是环状结构，不易转动。由于酪蛋白本身结构无折叠，因而加热时也不会发生解链去折叠，疏水基团暴露的很多酪蛋白在水中的溶解性差。<br>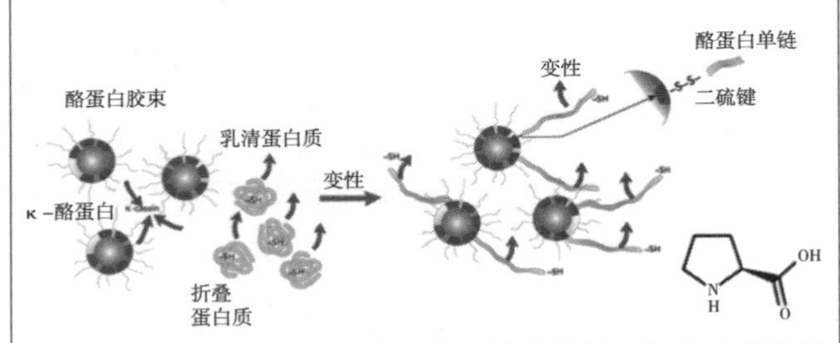<br><br>从加热的角度分析酪蛋白胶束的热稳定性。加热时磷酸根离子和钙离子形成新的胶体磷酸钙，进入到胶束中。</td><td>PPT动画演示及陈述讲解。</td></tr>
</table>

（续）

<table>
<tr><th>教学意图</th><th>教学内容</th><th>教学环节设计</th></tr>
<tr><td></td><td>

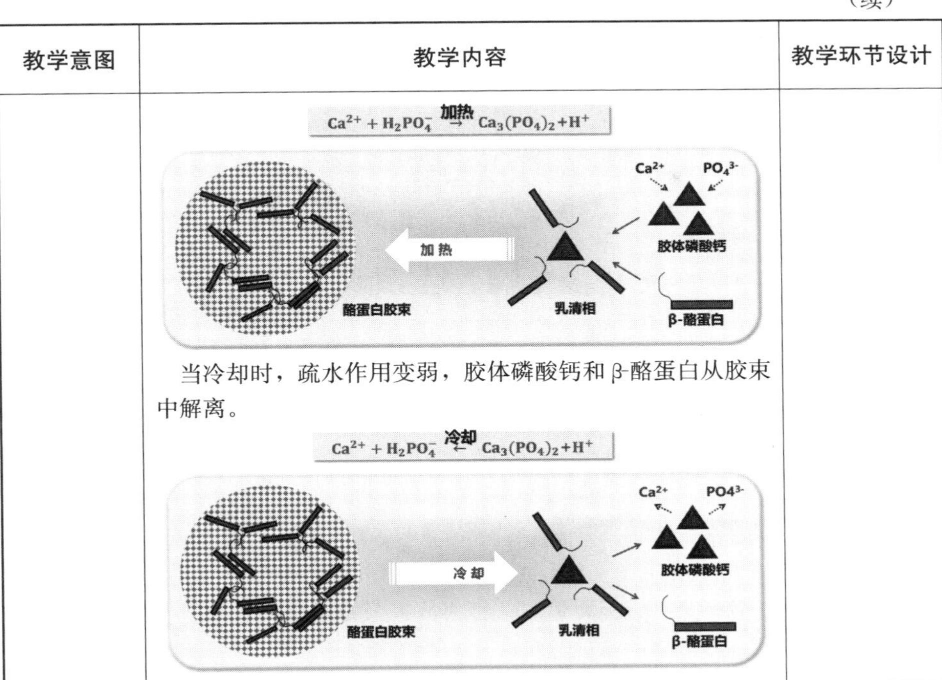


当冷却时，疏水作用变弱，胶体磷酸钙和β-酪蛋白从胶束中解离。



</td><td></td></tr>
<tr><td colspan="3">4. 酪蛋白胶束的聚集</td></tr>
<tr><td>从酸、凝乳酶的角度分析酪蛋白胶束的聚集。</td><td>

酪蛋白是两性电解质，等电点为4.6。鲜乳的pH通常在6.6左右，即接近等电点的碱性，因此酪蛋白此时表现酸性。与牛乳中的碱性基（钙）结合，从而形成酪蛋白钙的形式存在于乳中。如果此时加入酸，则酪蛋白酸钙中的钙被酸夺取，渐渐生成游离的酪蛋白，达到等电点时钙完全被分离，游离的酪蛋白凝固而沉淀。

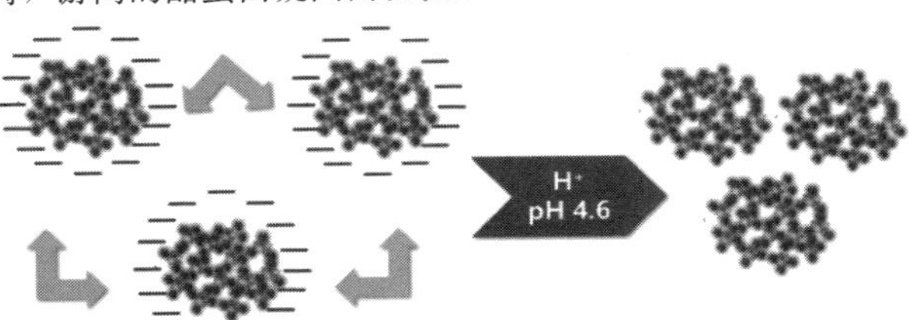


讲述酪蛋白酸聚集的应用。在制造工业用干酪素时，往往用盐酸作为凝固剂。此时如果加酸不足，则钙不能被完全分离，于是在干酪素中往往包含一部分钙盐。如果要获得纯的酪蛋白，就必须在等电点下使酪蛋白凝固。硫酸也能很好地沉淀乳中的酪蛋白，但由于硫酸钙不能溶解，因此有使灰分增多的缺点。

</td><td>PPT动画演示及陈述讲解。</td></tr>
</table>

（续）

<table>
<tr><th>教学意图</th><th>教学内容</th><th>教学环节设计</th></tr>
<tr><td></td><td>
酸乳 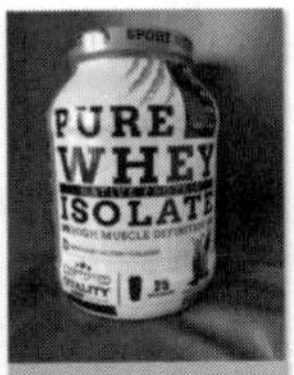　蛋白质补充剂 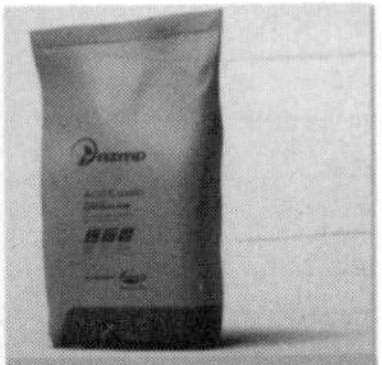　干酪素<br><br>
讲述酪蛋白胶束的聚集——加凝乳酶。κ-酪蛋白在凝乳酶的作用下，生成副κ-酪蛋白和糖巨肽，带负电荷的亲水链从酪蛋白胶束表面脱离。 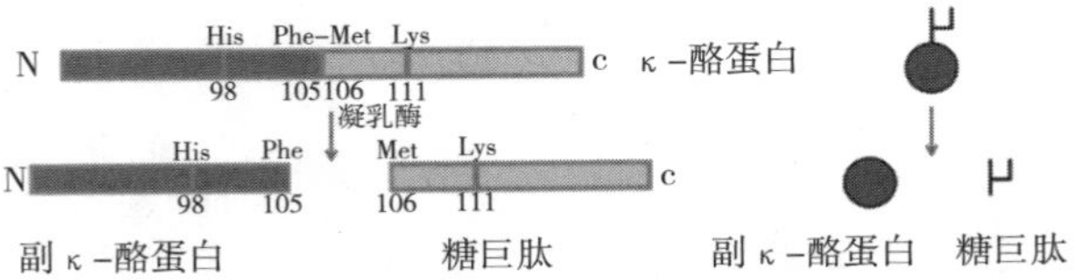<br><br>
N His Phe-Met Lys c κ-酪蛋白 98 105106 111<br>
凝乳酶<br>
N His Phe 98 105　Met Lys 106 111 c<br>
副κ-酪蛋白　糖巨肽　副κ-酪蛋白　糖巨肽<br><br>
结合实例，讲解曲拉生产中加酸对酪蛋白胶束聚集的影响。 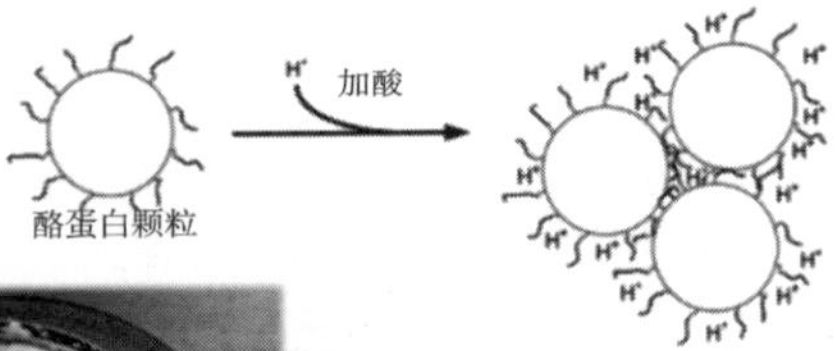 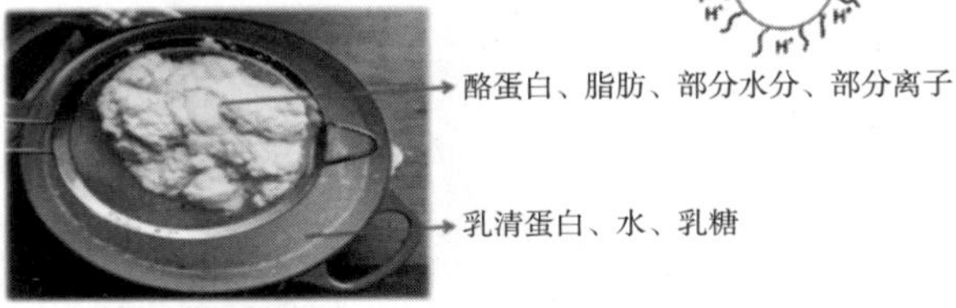<br><br>
酪蛋白颗粒　H⁺ 加酸<br><br>
酪蛋白、脂肪、部分水分、部分离子<br>
乳清蛋白、水、乳糖
</td><td></td></tr>
<tr><td>从生活实际出发，提出问题，讲授多价阳离子对酪蛋白胶束聚集的作用。</td><td>
讲述多价阳离子可以使酪蛋白胶束聚集的原理。<br><br>
孩子：800~1 200mg/d<br>
成人：800mg/d<br>
老人：1 000mg/d<br><br>
营养成分表<br>
<table>
<tr><th>项目</th><th>每100g</th><th>营养素参考值</th></tr>
<tr><td>能量</td><td>283kj</td><td>3%</td></tr>
<tr><td>蛋白质</td><td>3.3g</td><td>6%</td></tr>
<tr><td>脂肪</td><td>3.7g</td><td>6%</td></tr>
<tr><td>碳水化合物</td><td>5.3g</td><td>2%</td></tr>
<tr><td>钠</td><td>60mg</td><td>3%</td></tr>
<tr><td>维生素D</td><td>2.0μg</td><td>40%</td></tr>
<tr><td>钙</td><td>125mg</td><td>16%</td></tr>
</table>
</td><td>PPT 动画演示及陈述讲解。<br>提问：每100 g高钙乳中钙的添加量仅为25 mg，为什么不能多加点？</td></tr>
</table>

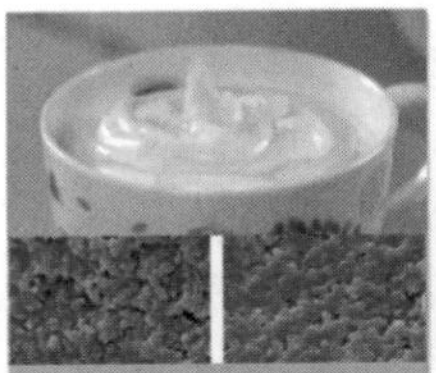

（续）

| 教学意图 | 教学内容 | 教学环节设计 |
| --- | --- | --- |
|  | $Ca^{2+}$ 等高浓度多价阳离子，可以与胶束表面 κ-酪蛋白携带的磷酸基团形成离子键，屏蔽胶束表面的负电荷，削弱静电排斥。 |  |
| 讲述酪蛋白的不同聚集方式中有机溶剂的作用及其应用。 | 讲述有机溶剂对酪蛋白胶束聚集的影响。乙醇等有机溶剂加入水中使溶剂介电常数降低，削弱了胶束之间的静电排斥。乙醇等有机溶剂是强亲水试剂，能争夺酪蛋白胶束表面的结合水，破坏胶束表面的水化层而使酪蛋白聚集。乳的 pH 越低，引发酪蛋白胶束聚集所需要的乙醇的量就越少。<br>通过酒精稳定性实验（原料乳收购时，可快速检测乳的酸度），讲述引发的酪蛋白凝固问题：用浓度为 68%或 70%的酒精与等量的乳进行混合，凡产生絮状凝块的乳称为酒精阳性乳，表明乳的酸度上升，提示有微生物污染。 | PPT 演示及陈述讲解。 |

（续）

<table>
<tr><th>教学意图</th><th>教学内容</th><th>教学环节设计</th></tr>
<tr><td>讲述酪蛋白的不同聚集方式中酶的水解作用。</td><td>从酶水解的角度分析酪蛋白胶束的聚集。纤维蛋白溶酶水解酪蛋白，水解后的蛋白片段在乳清蛋白二硫键的作用下，形成三维网络结构。 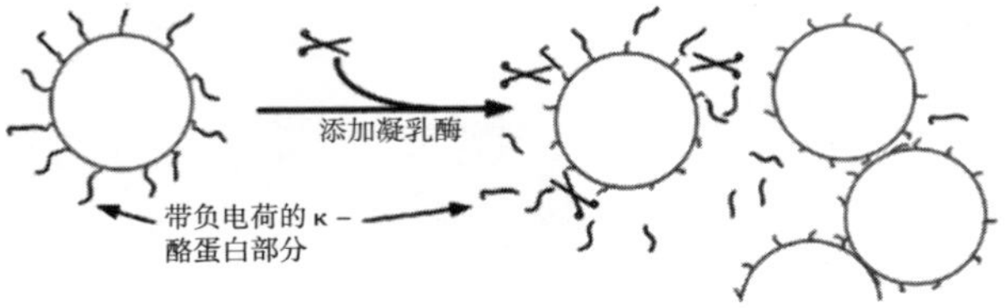 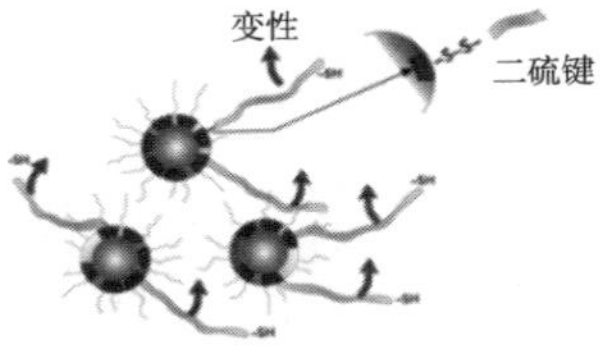<br><br>举例：在微生物不超标的情况下，巴氏杀菌乳或超高温乳的包装底层出现一层凝结物，是蛋白酶引起的酪蛋白发生了聚集沉淀。 </td><td>PPT 演示及陈述讲解。</td></tr>
<tr><td colspan="3">5. 小结</td></tr>
<tr><td>总结梳理本节课的知识脉络，完成思考题。</td><td>分析不同处理条件下酪蛋白胶束结构的变化情况，增强学生的理解与归纳整合能力，引导学生树立正确的学习态度和积极探索、解决问题的科学精神。<br><table><tr><th>处理条件</th><th>胶束结构是否改变</th><th>胶束聚集是否可逆</th></tr><tr><td>加热</td><td>胶体磷酸钙和 β-酪蛋白进入胶束中</td><td>是</td></tr></table></td><td>PPT 演示及陈述讲解</td></tr>
</table>

（续）

| 教学意图 | 教学内容 | 教学环节设计 |
| --- | --- | --- |

（续）

| 酸化 pH 4.6 | 胶束中无胶体磷酸钙存留 | 调节 pH 至中性后，聚集物可以重新分散，但是胶束结构无法恢复 |
| --- | --- | --- |
| 凝乳酶 | κ-酪蛋白的糖巨肽解离 | 否 |
| 添加 $Ca^{2+}$ | 形成更多的胶体磷酸钙 | 是 |
| 有机溶剂 | 可能改变 | 否 |
| 老化凝胶 | 酪蛋白被水解 | 否 |

思考题：制备高产率纯酪蛋白的关键是什么？

## （五）板书设计

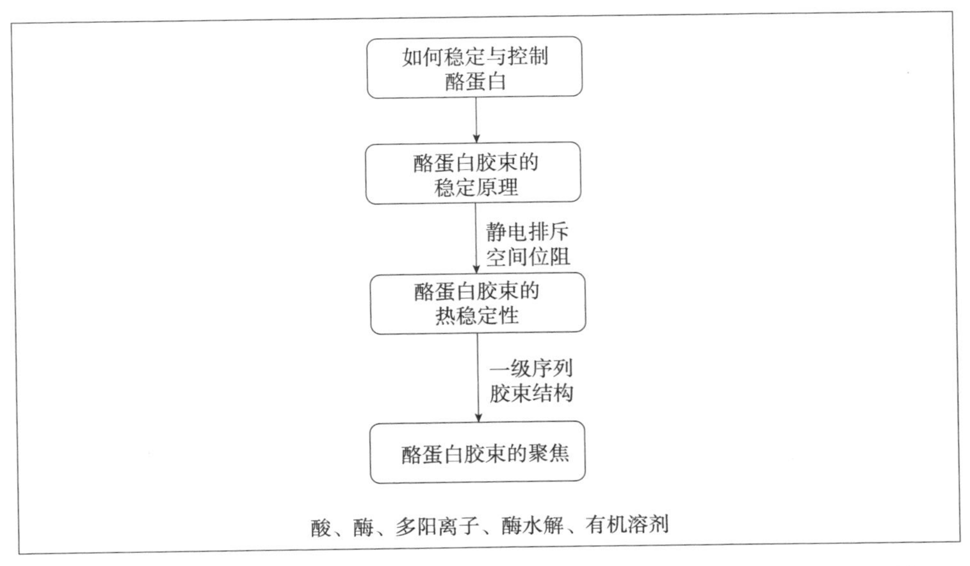

## （六）参考文献

蒋爱民，张兰威，2019. 畜产食品工艺学［M］. 北京：中国农业出版社.

刘永峰，张薇，刘婷婷，等，2020. 乳蛋白中乳清蛋白与酪蛋白组成、特性及应用的研究进展［J］. 食品工业科技，41（23）：354-358.

张兰威，蒋爱民，2016. 乳与乳制品工艺学［M］. 北京：中国农业出版社.

周光宏，2013，畜产品加工学［M］. 北京：中国农业出版社.

LI B Z，WALDRON D S，TOBIN J T，et al，2020. Evaluation of production of Cheddar cheese from micellar casein concentrate［J］. International Dairy Journal（107）：104-108.

## （七）预习任务与课后作业

1. 思考题：如何稳定含乳的酒精饮料？

2. 通过雨课堂预习下节课的内容，并观看相应视频。

3. 课堂上涉及的专业英语词汇及相关知识的最新前沿进展文献都将通过雨课堂的方式推送给学生。

## （八）要求掌握的英语词汇

- 酪蛋白　casein
- 空间位阻效应　steric-hindrance effect
- 脯氨酸　proline
- 老化凝胶　age gelation
- 静电排斥　electrostatic repulsion
- 热稳定性　heat stability
- 有机溶剂　organic solvent

# 四、乳中盐离子的分布

## （一）教学目标

### 1. 知识目标

◇学生可以列举出乳中盐离子的存在形式，并能正确阐述加工处理对盐离子的影响。

### 2. 能力目标

◇运用成分分析法对乳中盐离子的浓度及分布进行学习，加深学生对乳成分组成的认识，培养学生连贯思维的能力。

◇乳中盐离子的存在状态对后续乳品加工有很大的影响。通过对高钙乳中钙的添加量的讲解，引导学生将课本上的知识与生产实际情况进行结合，树立正确的学习态度和积极探索、解决问题的科学精神。

### 3. 情感目标

◇培养学生留心观察细节的习惯和用发展的眼光看待科学问题的能力。作

为一名食品人，大家应当以科学严谨的态度，利用较高的专业技术水平，为我国乳业振兴贡献自己的力量。

## （二）教学内容分析

**1. 教学内容**

◇ 乳中盐离子的存在形式

◇ 加工处理对盐离子的影响

**2. 教学重点与难点**

◇ 加工处理对盐离子的影响

**处理方法：** 结合 PPT 动画演示，通过对酪蛋白胶束、酪蛋白中胶体磷酸钙的讲解，帮助学生理解乳中主要离子的存在形式。论述加工处理对盐离子的影响，如加热、酸化、冷却对盐离子的影响，并举生产中的实例，补充教材中缺乏的内容，增加课程深度，启发学生主动思考。

## （三）教学思路

| 乳中盐离子如何稳定存在的 | 乳中盐离子的重要性 | 乳中盐离子的存在形式 | 加工处理对盐离子的影响 |
|---|---|---|---|
| · 乳清相中的钙离子<br>· 酪蛋白胶束中的钙离子 | · 矿物质营养<br>· 渗透压<br>· 稳定性<br>· 缓冲能力 | · 非溶解态的离子（酪蛋白胶束相中）<br>· 溶解态的离子（乳清相中） | · 加热<br>· 冷却<br>· 酸化 |

## （四）教学进程具体设计（45 min）

| 教学意图 | 教学内容 | 教学环节设计 |
|---|---|---|
| **1. 引入** | | |
| 通过产品举例，引出本节课的学习内容。 | 结合最新上市的乳矿物盐饮料，分析乳中的矿物质在体系中保持稳定的原因。 | PPT 演示及陈述讲解。<br>提问：①乳中的矿物质是如何稳定存在的？<br>②制作酸乳的乳清，到底应该是倒掉还是喝掉？ |

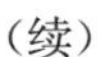
（续）

| 教学意图 | 教学内容 | 教学环节设计 |
| --- | --- | --- |
| **2. 乳中盐离子的重要性** | | |
| 结合动画，讲授乳成分在复合体系当中的存在状态，重点讲述盐离子的分布。 | 复习乳成分的存在状态。盐离子在乳中有非常重要的作用。第一，作为矿物质营养。乳中含有人体所必需的所有矿物质，能为婴幼儿提供丰富、高效的钙。第二，维持渗透压。钠盐、钾盐、氯盐，与乳糖共同维持乳的渗透压与血液一致。第三，具有稳定性。钙离子与磷酸根离子构成胶体磷酸钙，存在于酪蛋白胶束相中，对于维持酪蛋白的结构和稳定具有重要意义。第四，具有缓冲能力。磷酸盐和柠檬酸盐是重要的贡献者。<br>乳中盐离子的重要性<br>作为矿物质营养：乳中含有人体所必需的所有矿物质，能为婴幼儿提供丰富、高效的钙。<br>维持渗透压：钠盐、钾盐、氯盐，与乳糖共同维持乳的渗透压与血液一致。<br>具有稳定性：钙离子与磷酸根离子构成胶体磷酸钙，存在于酪蛋白胶束相中，对于维持酪蛋白的结构和稳定具有重要意义。<br>具有缓冲能力：磷酸盐和柠檬酸盐是重要的贡献者。 | PPT 演示及陈述讲解。<br>提问：我们平时所了解的乳成分是怎样存在于体系中的？ |
| **3. 乳中盐离子的存在形式** | | |
| 以提问的形式引发学生思考，使学生带着问题进行目的化的学习。 | 盐离子起到了什么作用？《柳叶刀》报道，食用乳钙后骨密度的增加在停用几年后依然存在，且吸收效果好，而补充普通无机钙则无法留存。乳中的钙还能在肠道内干扰脂肪吸收，促进脂肪氧化，减少脂肪组织，有助于体重管理。有科学家统计，10～17 岁时每天喝牛乳的青少年比不喝的身高高 2.5 cm。<br>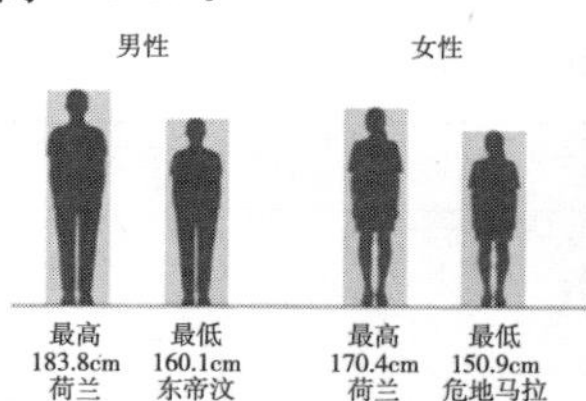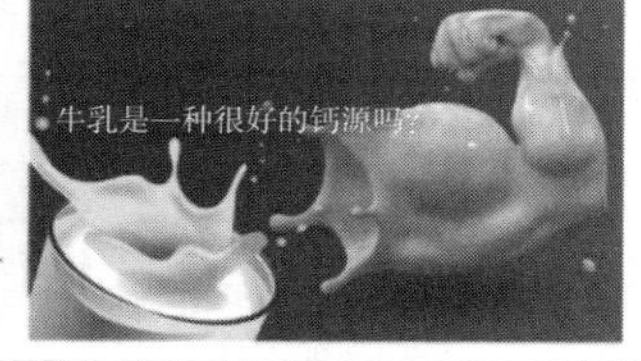 | PPT 演示及提问。<br>提问：为什么一杯奶能强壮一个民族？ |
| 与动画结合，讲授乳中盐离子的分布形式，找出乳矿物质稳定存在的原因。 | 讲解乳中盐离子的分布，主要是非溶解态的离子（酪蛋白胶束相中）和溶解态的离子（乳清相中），以表格形式讲解乳中盐离子的浓度。 | PPT 动画演示及陈述讲解。 |

（续）

<table>
<tr><th>教学意图</th><th>教学内容</th><th>教学环节设计</th></tr>
<tr><td></td><td>
<table>
<tr><th></th><th>平均含量（mg/100g）</th><th>乳清相中的比例</th></tr>
<tr><td>阳离子</td><td></td><td></td></tr>
<tr><td>$Na^+$</td><td>48</td><td>0.95</td></tr>
<tr><td>$K^+$</td><td>143</td><td>0.94</td></tr>
<tr><td>$Ca^{2+}$</td><td>117</td><td>0.32</td></tr>
<tr><td>$Mg^{2+}$</td><td>11</td><td>0.66</td></tr>
<tr><td>阴离子</td><td></td><td></td></tr>
<tr><td>$Cl^-$</td><td>110</td><td>1</td></tr>
<tr><td>$CO_3^{2-}$</td><td>10</td><td>1</td></tr>
<tr><td>$SO_4^{2-}$</td><td>10</td><td>1</td></tr>
<tr><td>$PO_4^{3-}$</td><td>203</td><td>0.53</td></tr>
<tr><td>柠檬酸盐离子</td><td>175</td><td>0.92</td></tr>
</table>
非溶解态离子<br>酪蛋白胶束相<br>乳清相<br>溶解态离子
</td><td></td></tr>
<tr><td>从酪蛋白胶束结构的角度入手分析。</td><td>胶束<br>κ-酪蛋白肽链<br>磷酸钙<br>50 nm</td><td>PPT 演示及陈述讲解。</td></tr>
</table>

（续）

| 教学意图 | 教学内容 | 教学环节设计 |
| --- | --- | --- |
| 从酪蛋白胶束结构的角度入手分析。 | κ-酪蛋白位于胶束表面，可以与变性的乳清蛋白反应；表面还有不被κ-酪蛋白覆盖的部分，其他蛋白质可以透过这些空隙，与胶束内部的蛋白结合，胶束内部的“磷酸钙纳米团簇”依靠疏水键聚集在一起；胶束内部有游离的β-酪蛋白单体和大量的水。<br>进一步分析胶束中的胶体磷酸钙。酪蛋白是天然蛋白中含疏水氨基酸最多的蛋白之一，$\alpha_{s1}$-CN、β-酪蛋白及κ-酪蛋白片段高度疏水，这些片段之间可以形成分子间或者分子内的疏水作用，并将水分排出。乳中的钙含量为30 mmol/L，其中的2/3（20 mmol/L）以胶体状态存在于酪蛋白胶束相中；磷酸基团对于酪蛋白胶束的结构非常重要，磷酸基团与酪蛋白中的丝氨酸残基发生酯化；胶体磷酸钙与酪蛋白上连接的磷酸基团之间形成离子键。<br>通过对比乳钙与无机钙的区别，得出乳中钙的吸收率高。乳酸钙属于螯合的生物钙，能够充分溶解，吸收无残留与沉积，可以放心食用。碳酸钙是无机钙，钙源不能被人体完全吸收，容易产生沉积。每100 mL乳中的钙含量为100 mg。 | PPT演示及陈述讲解。 |

（续）

| 教学意图 | 教学内容 | 教学环节设计 |
| --- | --- | --- |
| 以提问的形式引发学生思考，使学生带着问题进行目的性学习。讲解钙离子浓度高时，酪蛋白保持稳定的原因。 | 30mmol/L<br>10mmol/L<br>2mmol/L<br>0.8mmol/L<br>除了κ-酪蛋白外，其他 3 种酪蛋白单体均可以与 $Ca^{2+}$ 结合，且当 $Ca^{2+}$ 浓度在≥ 6 mmol/L 时会沉淀。这主要是由于在电解质溶液中，离子相互作用使得离子通常不能完全发挥其作用。离子实际发挥作用的浓度称为有效浓度，或称为活度（activity），显然活度的数值通常比其对应的浓度数值要小些。<br>通过数据表格讲解乳中不同盐离子的浓度及活度。 | 提问：酪蛋白单体均可以与 $Ca^{2+}$ 结合，且当 $Ca^{2+}$ 在≥6mmol/L时会沉淀，但牛乳中的 $Ca^{2+}$ 浓度为 30 mmol/L（1 200 mg/L）时为何酪蛋白不发生沉淀？ |

| 溶解态离子 | 浓度（mmol/L） | 离子活度（mmol/L） |
| --- | --- | --- |
| 阳离子 | | |
| $Na^+$ | 21.1 | 17 |
| $K^+$ | 36.4 | 29 |
| $Ca^{2+}$ | 2.1 | 0.85 |
| $Mg^{2+}$ | 0.8 | 0.35 |
| 阴离子 | | |
| $Cl^-$ | 30.7 | 24.6 |
| $HCO_3^-$ | 1.4 | 1.1 |
| $SO_4^{2-}$ | 0.9 | 0.4 |
| $H_2PO_4^{2-}$ | 3.0 | 1.3 |
| 柠檬酸盐离子 | 0.3 | 0.00 |

（续）

<table>
<tr><th>教学意图</th><th>教学内容</th><th>教学环节设计</th></tr>
<tr><td>从乳清相和酪蛋白胶束两个来源讲解乳中主要离子的分布。</td><td> 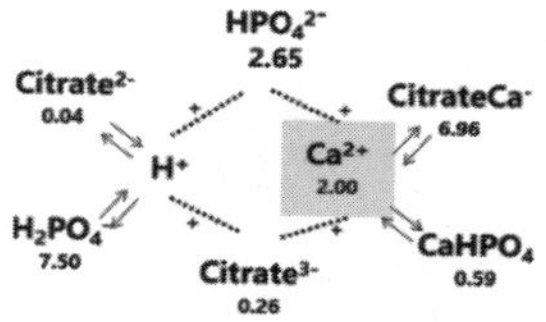 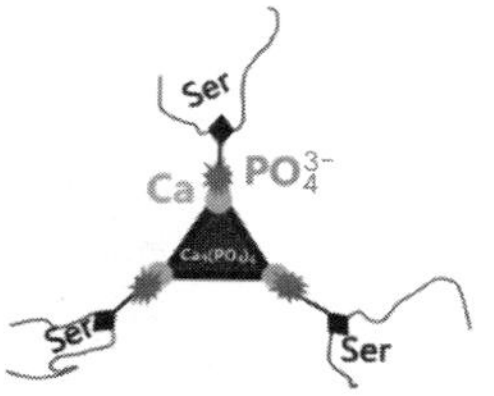讲解乳中主要离子的分布。在乳清相中的钙离子有磷酸氢钙、柠檬酸钙，还有游离的钙。在酪蛋白胶束中的钙离子与丝氨酸形成酯键的磷酸根结合，与无机磷形成磷酸钙纳米团簇。 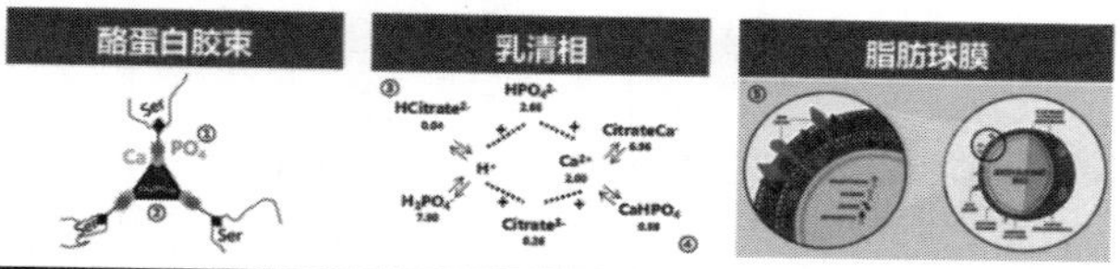<br>
<table>
<tr><th>类型</th><th>存在位置</th><th>占比（%）</th></tr>
<tr><td>与丝氨酸发生酯化反应</td><td>酪蛋白胶束</td><td>22</td></tr>
<tr><td>胶体态的无机磷</td><td>酪蛋白胶束</td><td>32</td></tr>
<tr><td>各种酯化物</td><td>乳清相</td><td>9</td></tr>
<tr><td>溶解态的无机磷</td><td>乳清相</td><td>36</td></tr>
<tr><td>磷脂</td><td>脂肪球膜</td><td>1</td></tr>
</table>
通过数据表格及图片讲解乳中磷的类型及其存在位置。</td><td>PPT 演示及陈述讲解。</td></tr>
<tr><td colspan="3">4. 加工处理对盐离子的影响</td></tr>
<tr><td>复习酪蛋白聚集沉淀的原理，巩固知识。</td><td>复习钙的添加会引发酪蛋白聚集沉淀。$Ca^{2+}$ 等高浓度多价阳离子，可以与胶束表面 κ-酪蛋白携带的磷酸基团形成离子键，屏蔽胶束表面的负电荷，削弱静电排斥。</td><td>PPT 演示及陈述讲解。</td></tr>
<tr><td>举生产中的实例，讲解加工处理对盐离子的影响。</td><td></td><td>PPT 演示及陈述讲解。</td></tr>
</table>

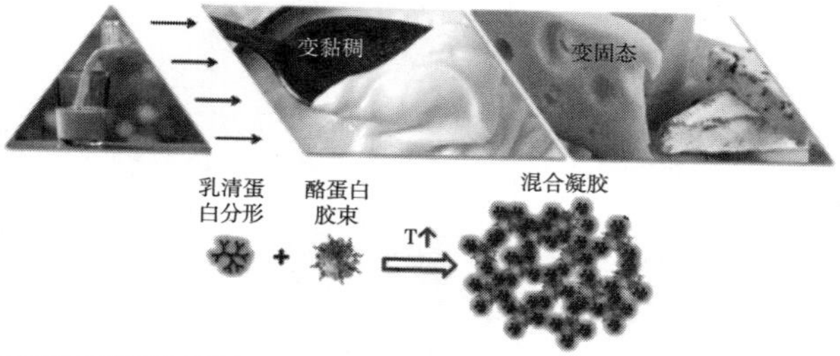

（续）

| 教学意图 | 教学内容 | 教学环节设计 |
|---|---|---|
| | 举生产中的实例分析，冷却对酸乳和奶酪产品的影响，讲解为何通过预热来提高产品中酪蛋白的得率。<br>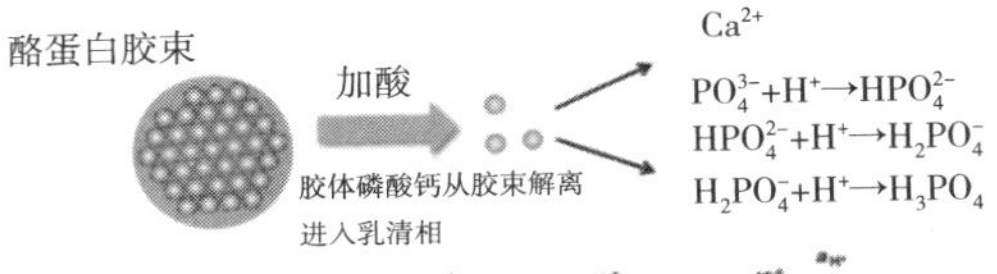<br>酪蛋白胶束<br>加酸<br>胶体磷酸钙从胶束解离进入乳清相<br>$Ca^{2+}$<br>$PO_4^{3-}+H^+\rightarrow HPO_4^{2-}$<br>$HPO_4^{2-}+H^+\rightarrow H_2PO_4^-$<br>$H_2PO_4^-+H^+\rightarrow H_3PO_4$<br>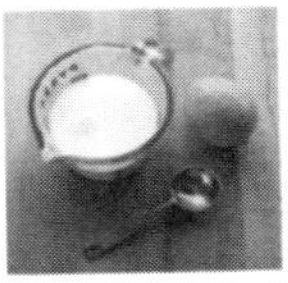 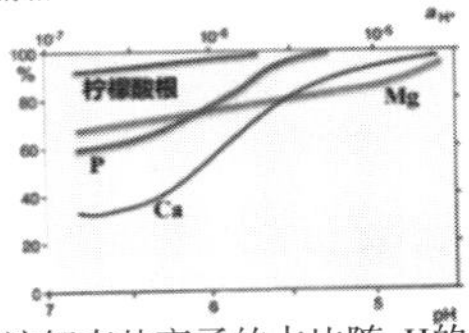<br>柠檬酸根<br>Mg<br>P<br>Ca<br>pH<br>乳中溶解态盐离子的占比随pH的变化<br>通过动画演示，讲解酸化对盐离子分布的影响。向乳中滴加酸或乳酸菌发酵产酸时，酪蛋白胶束中的胶体磷酸钙解离，溶解于乳清相中。 | |
| 通过解析，回答最初的问题：酸乳中的乳清应该怎样处理？ | 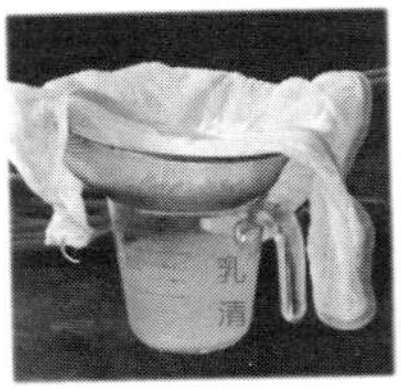 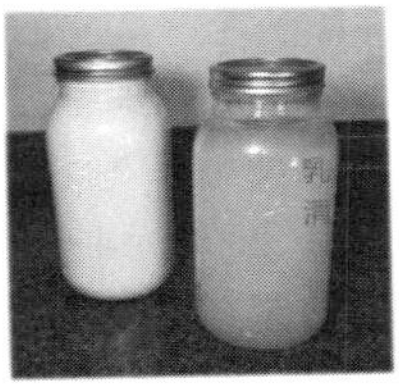<br>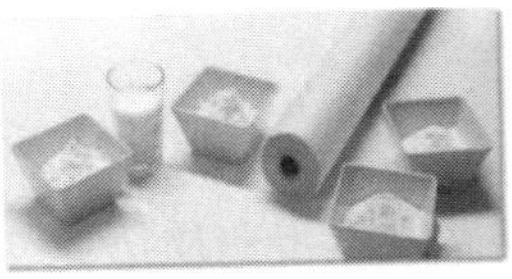 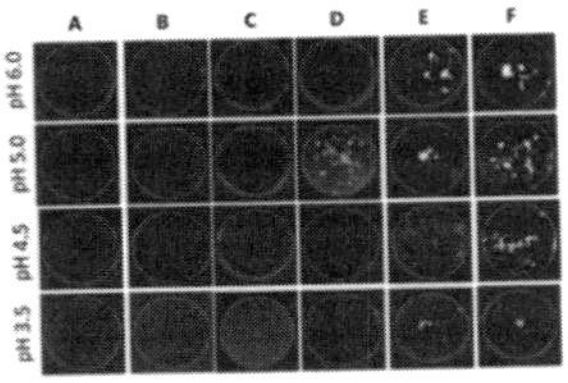<br>A B C D E F<br>pH 6.0<br>pH 5.0<br>pH 4.5<br>pH 3.5<br>结合文献报道前沿进展得出盐离子的含量种类是检测基于乳蛋白营养产品的胃部凝结现象和消化的关键因素。<br>酸乳的乳清中都含有什么？做酸乳时剩余的乳清是倒掉还是喝掉呢？ | PPT 演示及陈述讲解。 |
| **5. 小结** | | |
| 总结梳理本节课的知识脉络，强调重点，并布置思考题。 | 重点掌握：乳中钙、磷的分布，加工条件下乳中的钙磷分布如何变化？<br>思考题：加工条件下乳中的钙、磷分布如何变化？ | PPT 演示及陈述讲解。 |

## （五）板书设计

| |
|---|
| **1. 乳中盐离子的重要性**<br>矿物质营养<br>渗透压<br>稳定性<br>缓冲能力<br>**2. 乳中盐离子的存在形式**<br>钙<br>磷<br>**3. 加工处理对盐离子的影响**<br>加热<br>冷却<br>酸化 |

## （六）参考文献

蒋爱民，张兰威，2019. 畜产食品工艺学［M］. 北京：中国农业出版社.
张兰威，蒋爱民，2016. 乳与乳制品工艺学［M］. 北京：中国农业出版社.
周光宏，2013. 畜产品加工学［M］. 北京：中国农业出版社.
朱玉英，王存芳，王建民，2017. 羊乳酪蛋白的乳化性质和热稳定性研究［J］. 食品工业，38（7）：84-88.

## （七）预习任务与课后作业

1. 思考题：为何经过冷冻的牛乳，容易发生蛋白质沉淀？
2. 通过雨课堂预习下节课的内容，并观看相应视频。
3. 课堂上涉及的专业英语词汇及相关知识的最新前沿进展文献都将通过雨课堂的方式推送给学生。

## （八）要求掌握的英语词汇

- 钙离子　calcium ion
- 阳离子　cations
- 胶束　micelle
- 浓度　concentration
- 盐　salt
- 阴离子　anions
- 离子活度　ionic activity
- 乳清相　whey phase

# 第二章　乳中微生物的来源和生长

## 一、教学目标

**1. 知识目标**

◇通过本节课的学习，学生能正确列举乳中微生物的种类及来源，阐述微生物的生长特性，并能够主动思考控制微生物的方法。

**2. 能力目标**

◇学生在学习乳中微生物的种类及生长特性的基础上，分析如何解决问题。在探索学习的过程中，培养学生独立思考的能力，引导学生参与科学研究。

**3. 情感目标**

◇通过对基础内容的学习，培养学生探究科学的严谨态度，使学生养成将原理知识自主联系应用的思维习惯，探索求知。

◇通过讲解乳中微生物的生长变化，使学生明白，现阶段的加工技术在解决某些问题时还有一定困难，这需要我们食品人树立起责任感，学好专业知识，加快振兴乳业建设。在对基础内容的探索当中，夯实专业能力，大家要深入基础研究，具有突破核心技术的使命感，这是每一位学生都应具有的责任。

## 二、教学内容分析

**1. 教学内容**

◇乳中微生物的种类及来源

◇乳中微生物的生长特性

◇乳中微生物的快速检测及控制

**2. 教学重点与难点**

◇乳中微生物的生长特性

**处理方式：**明确乳中微生物的生长特性是解决现阶段乳品受微生物影响这一问题的根本途径。通过绘制室温下鲜乳中微生物随着 pH 的变化及菌类的变化阶段图，并细致剖析具体阶段，让学生能打好坚实的基础，并且在专业技能过硬的基础上，提出创新性的见解。

## 三、教学思路

乳中微生物的种类及来源 > 乳中微生物的生长特性 > 乳中微生物的快速检测及控制

- 乳酸细菌、嗜冷菌
- 病原菌及腐败性细菌
- 真菌
- 内、外源性污染

- 影响因素
- 变化规律

- 检测方法
- 控制途径

## 四、教学进程具体设计（45min）

| 教学意图 | 教学内容 | 教学环节设计 |
| --- | --- | --- |
| **1. 引入** | | |
| 从实际出发，让学生思考乳中存在的微生物。 | 牛乳中存在的微生物有细菌、酵母菌、霉菌及立克次体和病毒，其中以细菌在牛乳贮存与加工中的意义最为重要，细菌包括乳酸细菌、嗜冷菌、病原菌、腐败性细菌、真菌、病毒和噬菌体等。 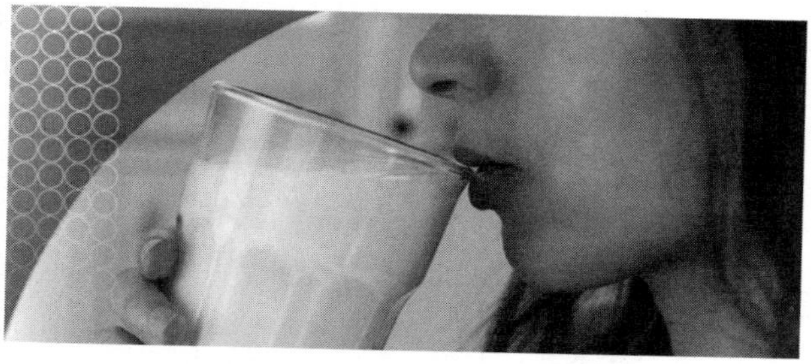 | PPT 演示及陈述讲解。 |
| **2. 乳中微生物的种类** | | |
| 常见的乳杆菌属和乳球菌属。 | （1）乳酸细菌<br>①乳杆菌属。能发酵多种糖类产生乳酸代谢产物，通常无害，但其代谢产物有时会产生难闻的气味或使牛乳和肉类变质等。<br>②乳球菌属。是牛乳及乳制品生产中的有益微生物，常用于干酪和酸牛乳的生产。 | PPT 演示及陈述讲解。 |

（续）

| 教学意图 | 教学内容 | 教学环节设计 |
| --- | --- | --- |
| | 乳杆菌属　乳球菌属 | |
| 常见的链球菌属和明串珠菌属。 | ③链球菌属。可利用糖，只产生乳酸，为单一发酵型菌群。常见的有乳酸链球菌、嗜热链球菌等。其中，嗜热链球菌普遍用于各种酸牛乳的生产，且部分菌株能增加酸牛乳的黏度。<br>④明串珠菌属。可利用糖产生乳酸、挥发性酸及 $CO_2$ 等的多元发酵型球菌，其存在于牛乳中可将柠檬酸变为香气物质。通常不酸化和凝固牛乳。<br>链球菌属　明串珠菌属 | PPT 演示及陈述讲解。 |
| 常见的丙酸杆菌属和双歧杆菌属。 | ⑤丙酸杆菌属。指能产生丙酸发酵的菌群，可将乳糖及其他糖分解为丙酸、醋酸和 $CO_2$。为制造瑞士干酪的发酵剂，能形成气孔和赋予特殊风味。<br>⑥双歧杆菌属。能利用糖经特殊的双歧支路生成乙酸和乳酸，不产生 $CO_2$、丁酸、丙酸。其产生的酸有利于肠道生理功能的正常发挥，促进维生素 D、钙和铁离子的吸收。此外，还能增强免疫系统功能。<br>丙酸杆菌属　双歧杆菌属 | PPT 演示及陈述讲解。 |
| 常见的嗜冷菌。 | （2）嗜冷菌　指在低于 7 ℃可以生长繁殖的细菌，它们在原料乳的贮存过程中起重要作用。当细菌总数超过阈值时，嗜冷菌就会产生热稳定性蛋白酶及脂肪酶等物质，最终影响产品的品质。<br>乳中最常见的嗜冷菌包括假单胞菌、黄杆菌、产碱杆菌和色杆菌属。 | PPT 演示及陈述讲解。 |

（续）

<table>
<tr><th>教学意图</th><th>教学内容</th><th>教学环节设计</th></tr>
<tr><td></td><td>假单胞菌　黄杆菌　产碱杆菌　色杆菌属</td><td></td></tr>
<tr><td>常见的病原菌、腐败性细菌、真菌、病毒和噬菌体。</td><td>（3）常见病原菌和腐败性细菌　见下表。<br><table><tr><th>种类</th><th>危害</th></tr><tr><td>葡萄球菌属</td><td>乳腺炎、食物中毒、皮肤感染</td></tr><tr><td>链球菌属</td><td>乳腺炎、败血症、化脓性疾病等</td></tr><tr><td>耶尔森氏菌属</td><td>腹泻、肠炎、败血症及食物中毒</td></tr><tr><td>沙门氏菌属</td><td>肠热症、食物中毒、败血症</td></tr><tr><td>埃希氏菌属</td><td>腹泻</td></tr><tr><td>李斯特氏菌属</td><td>流产、脑膜炎、败血症</td></tr><tr><td>布鲁氏菌属</td><td>关节炎、流产、不孕不育</td></tr></table><br>（4）真菌　含酵母菌和霉菌。酵母菌能发酵糖类形成乙醇和 $CO_2$，对产品芳香气味的构成有一定作用。霉菌主要包括根霉、毛霉、曲霉、青霉、串珠霉等。<br>（5）病毒和噬菌体<br>①病毒。乳中的病毒并不能生存，但有些病毒能在污染乳之后长时间存活。<br>②噬菌体。是浸染细菌细胞的病毒总称，其中乳酸菌噬菌体具有重要意义，会导致发酵失败，造成经济损失。</td><td>PPT 演示及陈述讲解。</td></tr>
<tr><td colspan="3">3. 乳中微生物的来源</td></tr>
<tr><td>从内源性污染讲解乳中微生物的来源。</td><td>（1）内源性污染　指污染微生物源自牛体内部，多指病原通过泌乳排出到乳中造成的污染。其中，最常见的为乳腺炎。<br>从健康乳房中挤出的鲜乳不是无菌的，仍会有少数细菌存在，这是不可避免的。最先挤出的乳液中会有较多的细菌，因此挤乳时要求弃去先挤出的少数乳液。</td><td>PPT 演示及陈述讲解。</td></tr>
</table>

（续）

| 教学意图 | 教学内容 | 教学环节设计 |
| --- | --- | --- |
| | 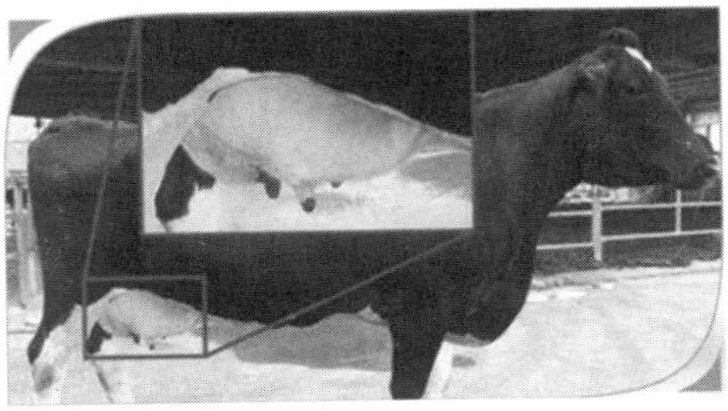 | |
| 从外源性污染讲解乳中微生物的来源。 | （2）外源性污染<br>①挤乳中的微生物污染。饲料、牛舍、空气、粪便等周围环境被污染后，奶牛乳房和腹部等体表会附着大量细菌；牛舍不通风，空气尘埃多；挤奶桶、机械挤乳设备等杀菌不严；另外，挤乳工作人员本身卫生状况和身体健康也会影响牛乳质量。<br>②挤乳后的微生物污染。挤乳后被污染的概率会增加，如过滤器、冷却器、贮奶罐、奶槽车等与牛乳直接接触的设备都可能被污染。  | PPT 演示及陈述讲解。 |
| **4. 乳中微生物的生长特性及检测方法** | | |
| 通过影响因素，讲解乳中微生物的生长特性。 | （1）影响因素<br>①季节。低温，易污染芽孢和霉菌孢子；高温，易滋生各种微生物。<br>②温度。适宜的温度能保证牛乳品质及抑制微生物增殖。<br>③牛体生理状况。病牛会导致原料乳被污染。<br>④饲养条件及挤乳卫生状况。良好的饲养条件能有效减少微生物污染及增强奶牛的免疫力。 | PPT 演示及陈述讲解。 |

（续）

<table>
<tr><th>教学意图</th><th>教学内容</th><th>教学环节设计</th></tr>
<tr><td></td><td> 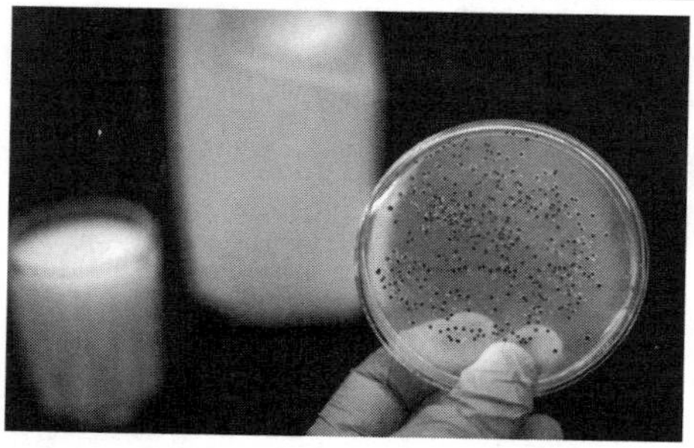</td><td></td></tr>
<tr><td>通过变化规律，讲解乳中微生物的生长特性。</td><td>（2）变化规律<br>鲜乳在杀菌前期有一定数量、不同种类的微生物存在，若在室温下，乳液会因微生物的活动而逐渐变质。室温下微生物的生长过程与贮存期内乳液 pH 的变化有关，可分为抑制期、乳链球菌期、乳酸杆菌期、真菌期和胨化细菌期。 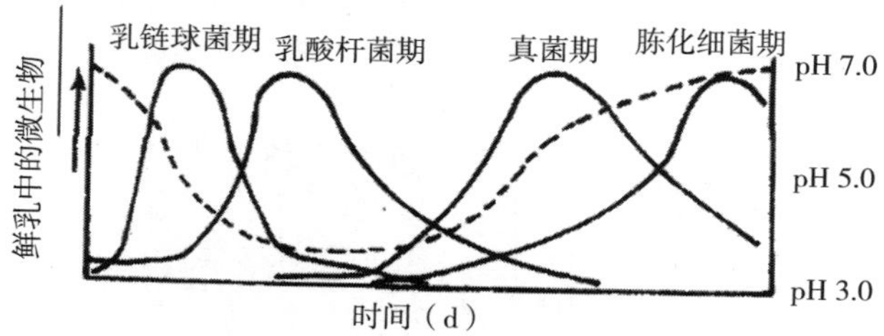<br></td><td>PPT 演示及陈述讲解。</td></tr>
<tr><td>通过介绍微生物检测的快速方法，引发学生思考。</td><td>方法有微量生物化学反应系统、气相色谱技术、放射测量法、电阻抗技术、免疫学标记技术、噬菌体法、生物发光法、微量热量测定法及其他生化分析法。</td><td>PPT 演示及陈述讲解。</td></tr>
<tr><td colspan="3">5. 思考</td></tr>
<tr><td>通过问题驱动式教学，让学生提出解决方案。</td><td>（1）贯彻实施奶牛兽医保健工作和检疫制度。<br>（2）建立牛舍环境及牛体卫生管理制度。<br>（3）加强挤乳及贮乳设备的卫生管理。<br>（4）注意挤乳操作卫生的要求，包括：①饲养员和挤奶员的卫生要求。②对奶牛乳房卫生的要求。③对乳的卫生要求。</td><td>提问：请学生思考，现阶段我们可以通过哪些方法来控制乳中的微生物，进而让我们喝得更健康呢?</td></tr>
</table>

（续）

| 教学意图 | 教学内容 | 教学环节设计 |
| --- | --- | --- |
| | | |
| **6. 小结** | | |
| 总结本节课的内容，并通过文献资料查阅解答思考题 | 重点掌握：乳中微生物的种类及来源、乳中微生物的生长特性、乳中微生物的快速检测及控制。<br>思考题：鲜乳中的微生物从哪里来的？ | PPT演示及陈述讲解。 |

# 五、板书设计

**1. 乳中微生物的种类及来源**

内源性污染、外源性污染

↓

**2. 乳中微生物的生长特性**

pH → ①抑制期；②乳链球菌期；③乳酸杆菌期；④真菌期；⑤胨化细菌期。

# 六、参考文献


蒋爱民，张兰威，2019. 畜产食品工艺学［M］. 北京：中国农业出版社.

马静，王迅，孙璐，等，2021. 青海地区不同海拔高度牦牛乳微生物多样性研究［J］. 动物营养学报，33（8）：4491-4501.

张兰威，蒋爱民，2016. 乳与乳制品工艺学［M］. 北京：中国农业出版社.

周光宏，2013. 畜产品加工学［M］. 北京：中国农业出版社.
KUMAR S，SUYAL D C，YADAV A，et al，2019. Microbial diversity and soil physiochemical characteristic of higher altitude［J］. PloS One，14（3）：e0213844.

## 七、预习任务与课后作业

1. 思考题：鲜乳在低温贮存时会有微生物繁殖吗？

2. 通过雨课堂预习下节课的内容，并观看相应视频。

3. 课堂上涉及的专业英语词汇及相关知识的最新前沿进展文献都将通过雨课堂的方式推送给学生。

## 八、要求掌握的英语词汇

- 酵母菌 *Saccharomyces*
- 乳杆菌属 *Lactobacillus*
- 病原菌 pathogenic bacteria
- 内源性污染 endogenous pollution
- 乳链球菌 *Streptococcus lactis*
- 嗜冷微生物 psychrophile
- 外源性污染 exogenous pollution

# 第三章　乳的热处理

## 一、教学目标

1. 知识目标

◇ 学生能在不借助外界资料的情况下，阐述出热处理对酶、乳成分的影响。

◇ 通过本节课的学习，学生能正确阐述超高温乳（UHT 乳）凝胶形成的过程和影响因素。

2. 能力目标

◇ 从微生物、酶、乳蛋白质多角度分析热处理条件对乳品质的影响，培养学生的理解与归纳整合能力，引导学生将课本上的知识与生产实际情况结合起来，着力塑造学生的自主学习能力。

◇ 通过分析乳中果冻状的沉淀，讲解纤溶酶水解酪蛋白引发乳凝胶沉淀的过程。理论与实际相结合使学生形成自主认知，树立积极探索、解决问题的科学精神。

◇ 从两种酶对比的角度学习形成凝胶的不同状态，提高学生对事物的综合评价和分析能力，培养学生独立思考的能力。

3. 情感目标

◇ 通过讲解两种热处理的加工方法，即超高温灭菌法和巴氏杀菌法的区别，培养学生将原理知识自主联系产品的能力。通过实例介绍，让学生体验科研的魅力，探索求知。

◇ 通过讲解热处理对微生物、酶及乳成分的影响，以及控制 UHT 乳凝胶的措施，使学生明白加工处理会影响产品贮存期的品质与安全。只有建立专业、负责、细节的完整体系，才能保证高品质产品的生产。

## 二、教学内容分析

1. 教学内容

◇ 热处理对微生物、酶及乳成分的影响

◇ UHT 乳凝胶形成的过程

◇影响 UHT 乳凝胶形成的因素

◇控制 UHT 乳凝胶形成的措施

**2. 教学重点与难点**

◇热处理对乳成分的影响

**处理方法：**首先从酪蛋白与乳清蛋白结构的角度分析。在 70℃条件下，乳清蛋白变性结构发生了变化，进而产生不良风味。其次从发生美拉德反应的角度进行分析。还原糖与赖氨酸发生反应，生成类黑精，引发乳品褐变，消耗了部分赖氨酸。最后从盐离子的角度进行分析。在 UHT 条件下，钙含量较高，形成矿物质结晶，引发砂砾感。结合 PPT 动画演示，辨析酪蛋白和乳清蛋白的结构差别，进行重点剖析并启发思考。

◇UHT 乳凝胶形成的过程

处理方法：首先从乳蛋白结构的角度分析。热处理使 β-乳球蛋白与 κ-酪蛋白结合形成复合物，通过动画演绎 β-乳球蛋白与 κ-酪蛋白结合的过程，将抽象过程具体化，帮助学生理解。其次利用学科前沿文献（液相谱图、电泳谱图）帮助学生理解不同酶水解酪蛋白胶束的不同部分，进一步理解凝胶形成的原理。

◇纤维蛋白溶酶与细菌酶的区别

处理方法：通过对比的方式，比较纤维蛋白溶酶与细菌酶特性、凝胶质构的区别，并通过学科前沿文献（液相谱图、电泳谱图），将文字讲解与图片有机结合，帮助学生理解不同酶溶解酪蛋白胶束的不同部位及过程。

# 三、教学思路

| 热处理会对乳的哪些方面产生影响 | 热处理对微生物的影响 | 热处理对酶的影响 | 热处理对乳成分的影响 | UHT乳凝胶 |
|---|---|---|---|---|
| ·巴氏杀菌和超高温灭菌 | ·大肠埃希氏菌<br>·伤寒菌<br>·耐热菌（芽孢杆菌） | ·蛋白酶<br>·脂肪酶 | ·风味<br>·乳蛋白<br>·色泽<br>·盐离子 | ·乳凝胶形成的过程<br>·影响乳凝胶形成的因素<br>·控制乳凝胶形成的因素 |

# 四、教学进程具体设计（45min）

| 教学意图 | 教学内容 | 教学环节设计 |
|---|---|---|
| **1. 引入** | | |

（续）

| 教学意图 | 教学内容 | 教学环节设计 |
| --- | --- | --- |
| 采用提问的形式，激发学生的学习兴趣，并举生活中的具体实例，引发学生思考。 | 2000年，日本雪印公司生产的牛乳因金黄色葡萄球菌超标，引发1万多人中毒。1998—2011年，美国79%的乳品安全事件是由于饮用未经巴氏杀菌消毒的生鲜乳引起的。大肠埃希氏菌、沙门氏菌、蜡样芽孢杆菌、金黄色葡萄球菌、单核细胞增生李斯特菌等都曾引起食品安全问题。 | PPT演示及提问。<br>提问：刚挤出来的鲜乳可以直接饮用吗？ |
| **2. 热处理对微生物的影响** | | |
| 讲解热处理对微生物的影响。 | 任何微生物的热失活都基于在足够高的温度中暴露足够长的时间。结核杆菌为原料乳特有，低温长时和高温短时是能够杀灭该菌的第一时间/温度处理方法。评估巴氏杀菌的效率一般采用指示酶（原料乳中天然存在的碱性磷酸酶），使用稍高于杀灭结核杆菌需要的时间和温度，即可将该酶全部灭活。<br>检测方法：将少量乳与碱性磷酸酶底物于小的试管内混合，如果存在活性酶，则水解底物能产生可被仪器测量的荧光产物，此过程需1～3min。巴氏杀菌能杀灭乳中的大多数微生物，但并不能使乳完全无菌，芽孢和耐热细菌很难被杀灭。<br>碱性磷酸酶<br>乳<br>混合<br>荧光产物<br>OFF | PPT演示及陈述讲解。<br>提问：既然有杀菌环节，为何还要控制原料乳中的细菌总数？ |
| 常用的热处理方式：巴氏杀菌的定义及作用。 | 定义：能杀灭致病菌并最大限度地保留鲜乳中的活性物质，实现微生物最小化、营养物质最大化的处理方法。巴氏杀菌是保证食品安全的工具，是乳制品加工的必要环节。 | PPT演示及陈述讲解。<br>提问：巴氏杀菌法是谁发明的？原理是什么？ |

（续）

| 教学意图 | 教学内容 | 教学环节设计 |
| --- | --- | --- |
| 讲解 UHT 灭菌条件的确定。 | 牛乳长时间处于高温中时，会形成一些化学反应产物并变色，同时产生蒸煮味和焦糖味，最终出现大量的沉淀。而经高温短时热处理后，上述不良现象就可以在很大程度上得以避免。因此，应选择正确的温度/时间组合使芽孢失活达到满意的程度而乳中的化学变化保持在最低。 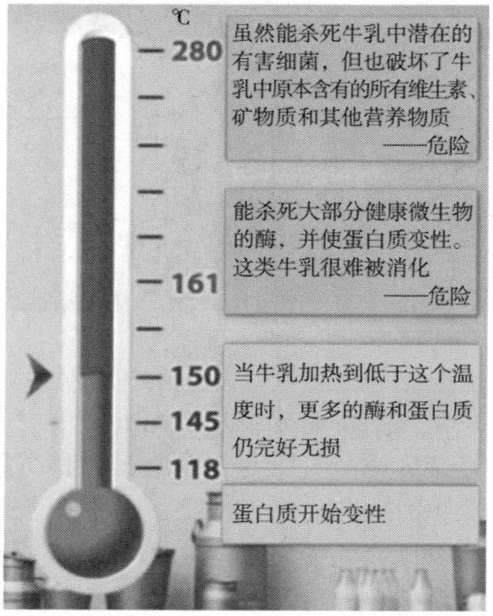<br>罐内灭菌的条件为：110～121℃，15～30min。<br>UHT 灭菌的条件为：135～141℃，3～5s。 <br>罐内灭菌 　　UHT灭菌 | PPT 演示及陈述讲解。 |
| 提问：结合 PPT 演示讲述采用经巴氏消毒和超高温灭菌后乳的区别。 | 鲜乳的保质期只有 1d 左右，经过巴氏消毒后其保质期可以达到 3～16d，经超高温消毒后保质期长达 6～12 个月。在热处理过程中，47℃时蛋白质开始变性，低温巴氏杀菌在 63～65℃，高温巴氏杀菌在 72～75℃，超高温灭菌在 135～140℃。 | 提问：请学生思考，巴氏杀菌和超高温灭菌的温度及时长不同，对于乳品质有什么影响？ |

（续）

| 教学意图 | 教学内容 | 教学环节设计 |
| --- | --- | --- |
|  | 生鲜 保质期 1d左右<br>巴氏消毒 保质期 3~16d<br>超高温消毒 保质期 6~12个月<br>（℃）<br>137 超高温灭菌 135~140℃<br>72 高温巴氏杀菌 72~75℃<br>65 低温巴氏杀菌 63~65℃<br>63<br>47 蛋白质开始变性 |  |
| **3. 热处理对酶的影响** |  |  |
| 通过介绍原料乳的国家标准中对细菌总数的控制，以此引出热处理对酶的影响。 | 评价原料乳品质好坏的一个重要指标就是细菌总数，细菌总数测定是用来判定原料被细菌污染的程度及卫生质量，它反映了食品在生产过程中是否符合卫生要求，以便对被检样品做出适当的卫生学评价。<br><br>中华人民共和国国家标准<br>GB 19301—2010<br>食品安全国家标准<br>生 乳<br>National food safety standard<br>Raw milk<br>2010-03-26 发布 2010-06-01 实施<br>中华人民共和国卫生部 发布 | PPT演示及陈述讲解。<br>提问：既然有杀菌环节，为何还要控制原料乳中的细菌总数？ |
| 从引发的产品质量问题，分析热处理对微生物来源酶的影响。 | 原料乳（4℃）中的主要腐败菌为嗜冷菌，不耐热，巴氏杀菌可以完全将其灭活。但由嗜冷菌分泌的酶非常耐热，每毫升UHT乳中仍有大于$10^6$个残留数量。<br>蛋白酶会引发乳凝胶结块，脂肪酶可引发不良风味。解决方案有：①控制原料乳中的嗜冷菌数量；②增加60℃预热环节。<br>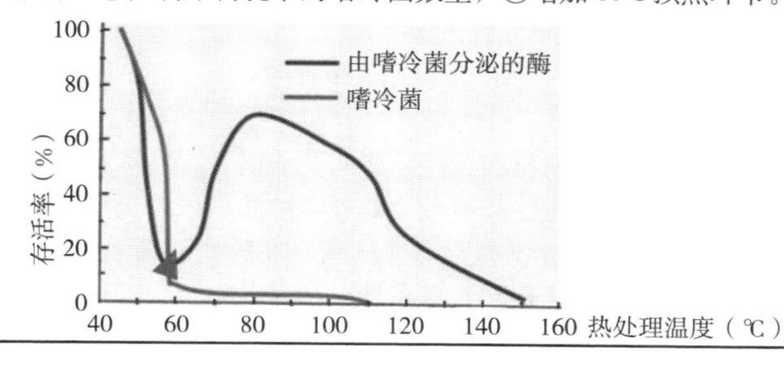<br> | PPT演示及陈述讲解。 |

（续）

| 教学意图 | 教学内容 | 教学环节设计 |
| --- | --- | --- |
| 结合PPT讲解，由脂肪酶水解脂肪引发的不良风味。 | 乳中含有脂肪酶，均质后天然脂肪球膜被破坏，使脂肪酶渗入分解甘油三酯。热处理灭活脂肪酶，可避免脂肪水解。均质使脂肪球膜被破坏，甘油三酯被脂肪酶水解。 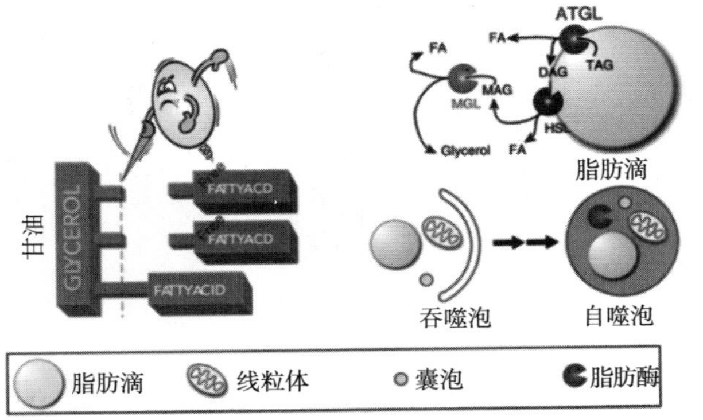 | PPT演示及陈述讲解。 |
| **4. 热处理对乳成分的影响** | | |
| 讲解热处理对风味的影响。 | 巴氏杀菌条件下不产生蒸煮味，而UHT条件下能产生明显的蒸煮味。<br>蛋白质热变性 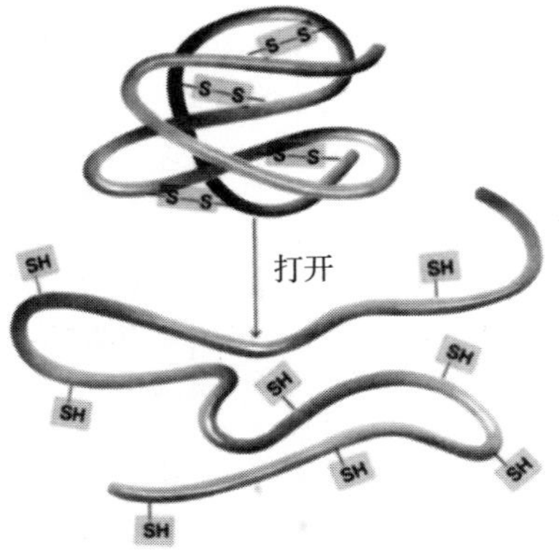<br>UHT条件下产生蒸煮味的原因 | PPT演示及陈述讲解。 |
| 讲解热处理对乳中内源酶的影响。 | 纤溶酶能引发蛋白凝胶沉淀，脂肪酶能引发脂肪水解，酸性磷酸酶能引发酪蛋白脱磷酸，碱性磷酸酶可以作为致病菌的指示酶，过氧化物酶具有抑菌作用。在巴氏杀菌条件下，纤溶酶和酸性磷酸酶依然具有活性。 | PPT演示及陈述讲解。 |

（续）

| 教学意图 | 教学内容 | 教学环节设计 |
| --- | --- | --- |
| | | |
| 讲解热处理对乳蛋白的影响。 | 乳清蛋白不耐热，它的变性温度为：免疫球蛋白 70℃，血清蛋白 74℃，β-乳球蛋白 80℃，α-乳白蛋白 94℃。酪蛋白是热稳定的，100℃以下结构几乎无变化，120℃、30min 以上发生部分水解、脱磷酸和聚集。 | PPT 演示及陈述讲解。 |
| 从结构入手分析酪蛋白和乳清蛋白热稳定性。 | 酪蛋白单体富含脯氨酸，不含二硫键，且缺乏二级、三级结构，以一种更无序的结构存在，在 UHT 条件下无变化。而乳清蛋白能够形成分子内、分子间的二硫键，具有丰富的二级、三级结构，是一种球状蛋白，疏水基团包裹内部，在巴氏杀菌条件下几乎不变性，但在 UHT 条件下部分变性。 | PPT 演示及陈述讲解。 |
| 讲解热处理对乳色泽的影响。 | 加热过程中乳的颜色随着加热强度的增加和时间的延长而颜色变为棕色（特别是高温处理时）。褐变的原因，一般认为是具有氨基的化合物（主要为酪蛋白）和具有羟基的乳糖之间发生反应形成了褐色物质，称之美拉德反应。<br>UHT 灭菌条件下会产生乳果糖。乳果糖被国际奶业联合会和欧盟作为反映乳热处理强度的指标之一，可用于 UHT 灭菌乳与巴氏杀菌乳的鉴别，也可用于复原乳的鉴别。 | PPT 演示及陈述讲解 |

（续）

| 教学意图 | 教学内容 | 教学环节设计 |
| --- | --- | --- |
| |  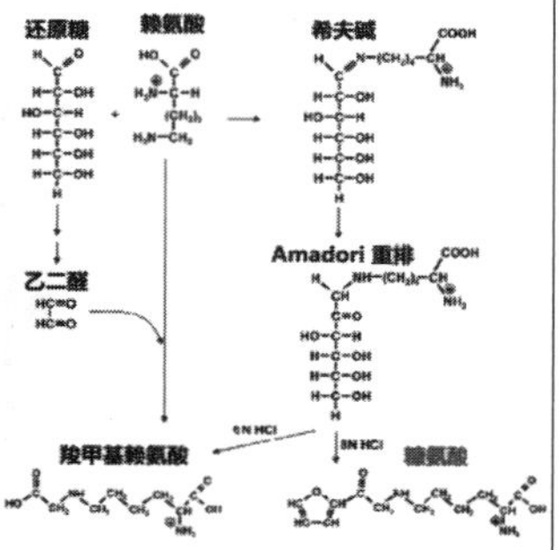 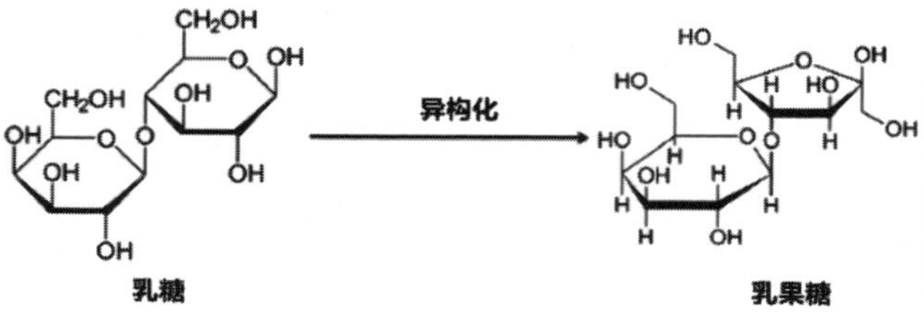 纯牛乳<br>还原糖 赖氨酸 希夫碱 Amadori 重排 乙二醛 羧甲基赖氨酸 糠氨酸<br>乳糖 异构化 乳果糖 | |
| 结合 PPT 讲解热处理对盐离子的影响。 | 热处理也会对盐离子产生影响。牛乳加热时受影响的盐离子主要为钙和磷，用 63℃加热时可溶性的钙和磷即行减少。例如，60～83℃加热时减少了 0.4%～9.8%可溶性的钙和可溶性的磷，主要是由于可溶性的钙和磷成为不溶性的磷酸钙而沉淀，钙和磷的胶体性质起了变化。乳中钙离子对乳稳定的影响最大，因为钙离子在蛋白质间能形成钙桥并连接成稳定的长链，但当钙离子被沉淀就失去了枢纽作用。由盐类失衡引起的蛋白质沉淀出现的较快，可能在 2 周内就有发生。 | PPT 演示及陈述讲解。 |
| 举例讲解热处理对干酪凝乳的影响。 | β-乳球蛋白与 κ-酪蛋白结合后，阻挡了凝乳酶对 κ-酪蛋白的水解，影响了凝乳。凝块松软，收缩作用变弱，不利于乳清排出。加工干酪时巴氏杀菌的温度＜80℃。 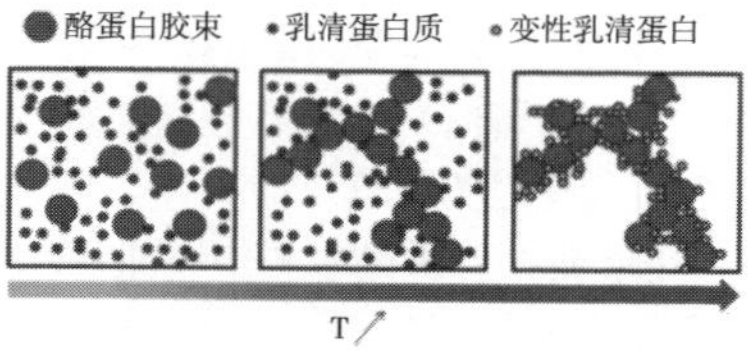 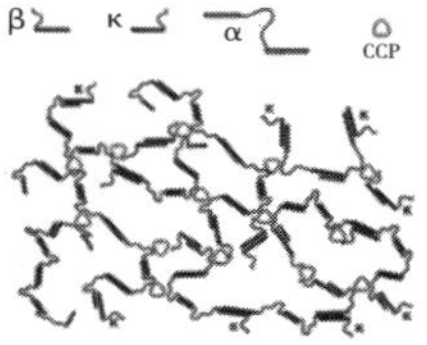<br>酪蛋白胶束 乳清蛋白质 变性乳清蛋白 T↗<br>β κ α CCP | PPT 演示及陈述讲解。 |

（续）

| 教学意图 | 教学内容 | 教学环节设计 |
| --- | --- | --- |
| **5. UHT 乳凝胶** | | |
| 分阶段讲解乳凝胶的形成过程。 | 第一阶段：热处理中，β-乳球蛋白与κ-酪蛋白结合形成复合物。<br>第二阶段：酪蛋白胶束经蛋白酶水解发生解离（外源酶：细菌蛋白酶；内源酶：纤维蛋白溶酶）。<br>第三阶段：水解后的蛋白片段互相作用，形成凝胶。 | PPT 演示及陈述讲解。 |
| 讲解由纤溶酶水解酪蛋白引发的乳凝胶沉淀。 | 多数乳的凝胶是由纤维蛋白溶酶导致的。纤维蛋白溶酶是乳中主要的天然蛋白酶，主要存在于酪蛋白中，剩余的存在于乳清和脂肪球膜中。乳在贮存过程中受到微生物侵染时，由于嗜冷菌释放了蛋白酶，破坏了酪蛋白胶粒的稳定结构，使纤维蛋白溶酶从酪蛋白释放到乳清中，故产生纤维蛋白溶酶的转移。刚挤出的牛乳中几乎不含纤维蛋白溶酶，贮存过程中纤维蛋白酶被激活，含量增加。它能较强地水解 $\alpha_s$ 和β-酪蛋白，但不水解κ-酪蛋白和乳清蛋白。纤维蛋白酶的耐热性较强，即使经过 UHT 处理，其活性仍尚存 30%～40%。仅有蛋白质水解的发生并不能形成凝胶，因为蛋白质水解和随后发生的凝集反应共同决定着凝胶的形成。 | PPT 演示及陈述讲解。 |
| 结合 PPT 演示，讲解纤维蛋白溶酶与细菌酶凝胶的区别。 | 添加多聚磷酸盐可使胶束内蛋白质之间结合得更紧密，蛋白质从胶束的解离变得更加困难，从而更好地使凝胶延迟。<br>● 纤维蛋白溶酶<br>➪ 乳中的内源酶，在不同质量级别的原料乳中均存在<br>➪ 专一性水解赖氨酸和精氨酸C端的肽键<br>➪ 酪蛋白对血浆纤维溶酶的敏感性排序为：$\beta=\alpha_s>\kappa$<br>● 细菌酶<br>➪ 是外源酶，主要为嗜冷菌来源的酶（假单胞菌）<br>➪ 与原料乳的质量、贮运条件密切相关<br>➪ 微生物酶主要对κ-酪蛋白进行非专一性水解<br>➪ 酪蛋白对微生物酶的敏感性排序为：$\kappa>\beta>\alpha_s$ | PPT 演示及陈述讲解。 |

（续）

<table>
<tr><th>教学意图</th><th>教学内容</th><th>教学环节设计</th></tr>
<tr><td colspan="3">6. 小结</td></tr>
<tr><td>总结梳理本节课的知识脉络，根据讲解知识及课下自主查阅资料，完成思考题。</td><td>
<table>
<tr><th>热处理工艺</th><th>巴氏杀菌</th><th>超高温杀菌（UHT）</th></tr>
<tr><td>参数</td><td>63～65℃，30min；<br>75～75℃，15～20s</td><td>135～140℃，3～5s</td></tr>
<tr><td>保质期</td><td>3～10d</td><td>6～12 个月</td></tr>
<tr><td>杀灭微生物</td><td>病原菌</td><td>芽孢</td></tr>
<tr><td>灭活酶</td><td>碱性磷酸酶</td><td>除纤溶酶的所有内源酶</td></tr>
<tr><td>蛋白质</td><td>部分免疫蛋白变性</td><td>部分乳清蛋白变性</td></tr>
<tr><td>蒸煮味</td><td>—</td><td>有</td></tr>
<tr><td>糠氨酸</td><td>2.4μmol/L</td><td>10μmol/L</td></tr>
<tr><td>乳果糖</td><td>—</td><td>有</td></tr>
<tr><td>维生素损失</td><td>B族维生素损失 5%，<br>维生素 C 损失 10%</td><td>B族维生素损失 10%，<br>维生素 C 损失 20%</td></tr>
</table>
总结本节所讲的两种热处理工艺对乳的影响。<br>
思考题：<br>
1. 有没有不经过热处理的乳制品？这些产品怎么去除微生物？<br>
2. 从脂肪的角度考虑，巴氏杀菌乳和 UHT 灭菌乳会更好消化吗？
</td><td>PPT 演示及陈述讲解。</td></tr>
</table>

# 五、板书设计

**1. 热处理对乳的影响**

微生物

酶

乳成分

**2. UHT乳凝胶**

乳凝胶形成的过程

影响乳凝胶形成的因素

控制乳凝胶形成的措施

# 六、参考文献

蒋爱民，张兰威，2019. 畜产食品工艺学［M］. 北京：中国农业出版社.
王新，付建平，靳烨，等，2004. 乳中蛋白酶与 UHT 乳贮存中的胶凝现象［J］. 中国乳品工业（7）：22-25.
张兰威，蒋爱民，2016. 乳与乳制品工艺学［M］. 北京：中国农业出版社.
周光宏，2013. 畜产品加工学［M］. 北京：中国农业出版社.
SARVER R，HIGBEE C，BISWAS P，et al，2019. A portable chemiluminescence assay of alkaline phosphatase activity to monitor pasteurization of milk products［J］. Journal of Food Protection，82（12）：2119-2125.

# 七、预习任务与课后作业

1. 思考题：如何判断是那种酶引发 UHT 乳产生凝胶？
2. 通过雨课堂预习下节课的内容，并观看相应视频。
3. 课堂上涉及的专业英语词汇及相关知识的最新前沿进展文献都将通过雨课堂的方式推送给学生。

# 八、要求掌握的英语词汇

- 乳浊液 emulsion
- 热处理 heat treatment
- 微生物 microorganism
- 内源酶 endogenous enzyme
- 乳果糖 lactulose
- 凝胶 gelatin
- 漂浮物 flotage
- 蛋白酶水解 protease hydrolysis
- 细菌酶 bacterial proteinase
- 微粒子分散 fine dispersion
- 巴氏杀菌乳 pasteurized milk
- 纤维蛋白溶酶 plasmin
- 酸性磷酸酶 acid phosphatase
- 老化 burn-in
- 凝结物 congelation
- 蛋白质凝胶 gelation of protein
- 纤维蛋白溶酶 plasmin

# 第四章　炼乳加工

## 一、教学目标

**1. 知识目标**

◇ 学生能阐述炼乳的加工工艺及操作要点，列举出炼乳的质量缺陷及控制方法。

**2. 能力目标**

◇ 学生能对炼乳加工过程进行系统评估，具备基本的生产方案设计和综合调控能力。在讲述生产要点的过程中，培养学生的独立思考能力和实际应变能力。

◇ 学生会运用炼乳生产的相关知识，提高理论知识应用于解决现有产品生产问题的能力。

**3. 情感目标**

◇ 通过对实际生产操作的学习，培养学生的责任感和创新精神。

◇ 通过对新型产品的介绍，引发学生的兴趣，开拓学生的视野，增强学生对科研的喜爱，培养学生的探索精神。在利用现代技术科学改进工艺和提升产品质量的同时，学生也应承担传承优秀中华传统食品加工的责任，培养爱国情怀和社会责任感。

## 二、教学内容分析

**1. 教学内容**

◇ 甜炼乳的生产工艺、操作要点及质量控制

◇ 淡炼乳的生产工艺、操作要点及质量控制

◇ 其他浓缩乳制品

**2. 教学重点与难点**

◇ 甜炼乳的生产工艺、操作要点及质量控制

**处理方式：**课本中对甜炼乳的基本工艺描述枯燥，不便于学生理解。教学

中突破原有的理论框架，将实践中存在的问题融入教学，针对性地提出了操作要点，帮助学生梳理甜炼乳的生产流程。

◇淡炼乳的生产工艺、操作要点及质量控制

**处理方式：**课本中对淡炼乳的基本工艺复杂且抽象，不便于学生提炼有用信息。以操作要点为节点对淡炼乳的工艺进行拆分讲解，让局部核心内容深入学生脑海。同时结合视频、仿真实验演示淡炼乳的整个生产流程，用形象直观的方式加深学习印象。

## 三、教学思路

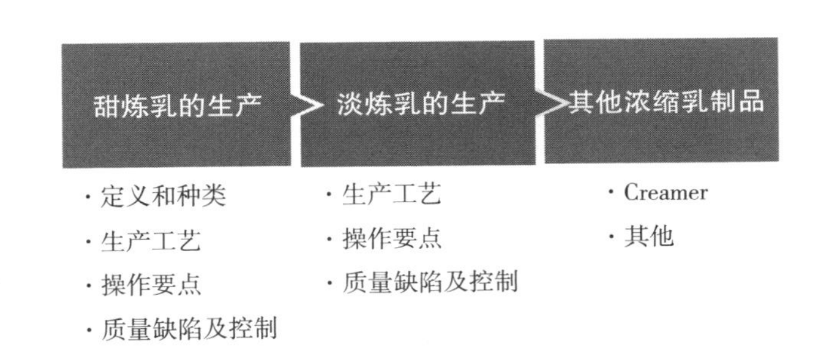


## 四、教学进程具体设计（45min）

| 教学意图 | 教学内容 | 教学环节设计 |
|---|---|---|
| **1. 引入** | | |
| 通过讲述炼乳发明的故事吸引学生的学习兴趣。 | 9世纪中叶，葛尔·波顿在去往纽约的船上发现人们不知道长期贮存牛乳的方式，致使婴幼儿喝了变质的牛乳而夭折。于是他经过研究后找到了一种减压蒸馏的方法，在继续进行实验后又在牛乳中溶入适量的糖，进一步地提高了牛乳的贮存时间，并命名为“炼乳”。后其又于1853年在纽约创办了世界上第一个炼乳加工厂。两年之后，葛尔·波顿又将问世不久的罐头包装用于鲜乳贮存。 | PPT演示及陈述讲解。<br>提问：我国的传统乳制品有哪些？是否也是一种贮存食品的方法？ |
| **2. 炼乳的定义及分类** | | |

（续）

<table>
<tr><th>教学意图</th><th>教学内容</th><th>教学环节设计</th></tr>
<tr><td>讲解炼乳的定义。</td><td>炼乳是一种浓缩乳制品，它是将鲜乳经过杀菌处理后，蒸发除去其中大部分的水分（25%～40%），再加入40%蔗糖而制得的灌装产品，特点是可贮存较长时间。</td><td>PPT 演示及陈述讲解。</td></tr>
<tr><td>讲解炼乳的分类。</td><td>炼乳分类方法主要如下：<br>（1）按是否加糖　可分为加糖炼乳（即甜炼乳）和无糖炼乳（即淡炼乳）。<br>（2）按原料乳是否脱脂　可分为全脂炼乳、脱脂炼乳和半脱脂炼乳。<br>（3）按添加物的种类　可分为可可炼乳、咖啡炼乳、维生素等强化炼乳，以及模拟人乳组成的婴幼儿配方炼乳等。</td><td>PPT 演示及陈述讲解。<br>提问：炼乳的口感如何？与鲜乳相比有什么特点呢？</td></tr>
<tr><td colspan="3">3. 甜炼乳的生产工艺、操作要点及质量控制</td></tr>
<tr><td>分析甜炼乳产品的理化指标。</td><td>
<table>
<tr><th>项目</th><th>指标</th><th>项目</th><th>指标</th></tr>
<tr><td>水分含量（%）</td><td>≤26.5</td><td>铅（以 Pb 计）含量（mg/kg）</td><td>≤0.50</td></tr>
<tr><td>脂肪含量（%）</td><td>≥8.00</td><td>铜（以 Cu 计）含量（mg/kg）</td><td>≤4.00</td></tr>
<tr><td>蔗糖含量（%）</td><td>≤45.5</td><td>锡（以 Sn 计）含量（mg/kg）</td><td>≤10.00</td></tr>
<tr><td>酸度（°T）</td><td>≤48</td><td>汞（以 Hg 计）含量（mg/kg）</td><td>≤0.01</td></tr>
<tr><td>全乳固体含量（%）</td><td>≥28</td><td>杂质度[a]（mg/kg）</td><td>≤（按鲜乳折算）8.00</td></tr>
</table>
注：[a] 指每千克产品中杂质的含量。</td><td>PPT 演示及陈述讲解。</td></tr>
</table>

（续）

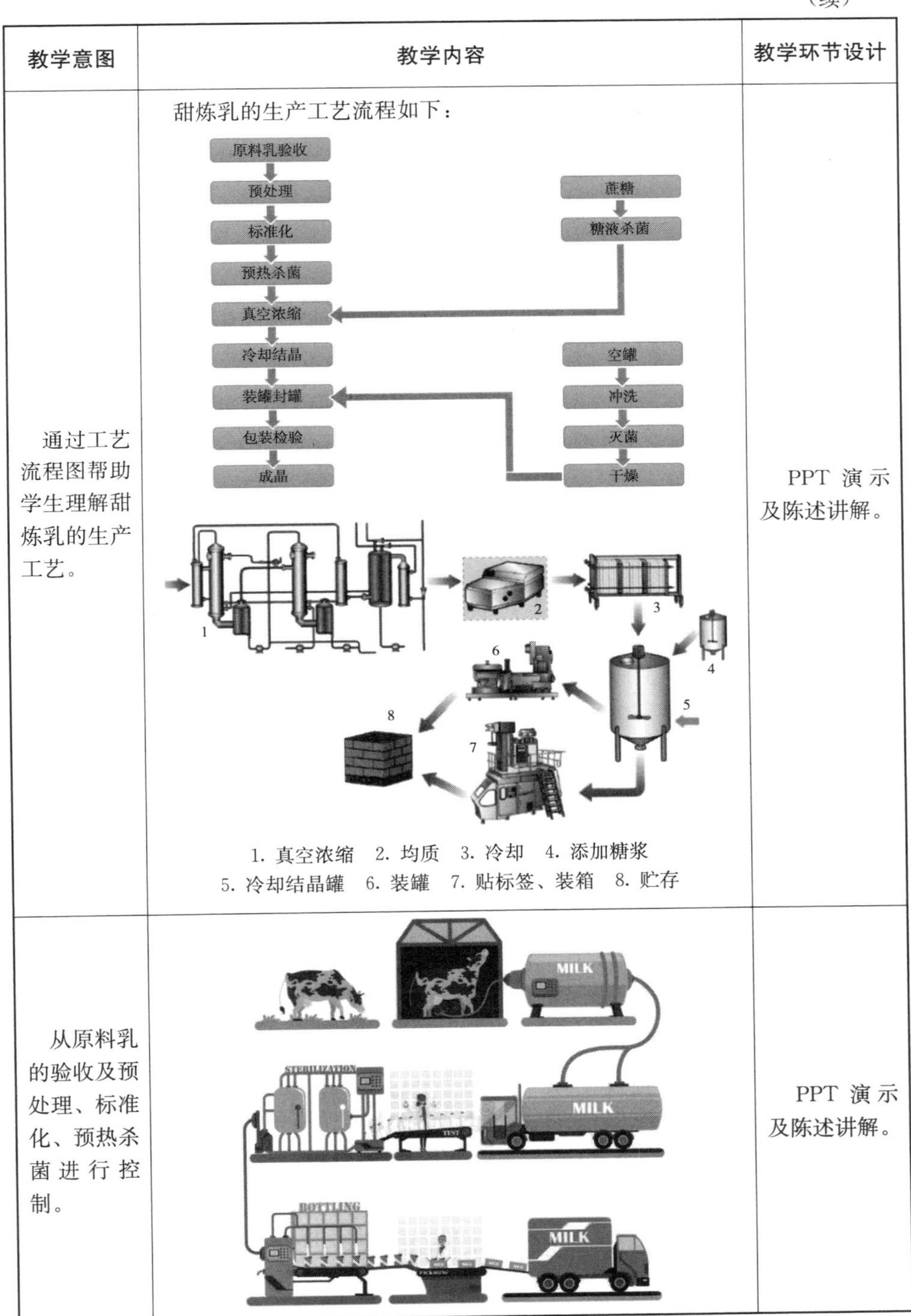


| 教学意图 | 教学内容 | 教学环节设计 |
| --- | --- | --- |
| 通过工艺流程图帮助学生理解甜炼乳的生产工艺。 | 甜炼乳的生产工艺流程如下：<br>1. 真空浓缩　2. 均质　3. 冷却　4. 添加糖浆<br>5. 冷却结晶罐　6. 装罐　7. 贴标签、装箱　8. 贮存 | PPT 演示及陈述讲解。 |
| 从原料乳的验收及预处理、标准化、预热杀菌进行控制。 |  | PPT 演示及陈述讲解。 |

（续）

| 教学意图 | 教学内容 | 教学环节设计 |
| --- | --- | --- |
| | ·原料乳的验收及预处理：原料乳应严格按要求进行验收，验收合格的原料乳经称重、过滤、净乳、冷却后泵入贮奶罐。<br>·标准化：指调整乳中脂肪（NF）与非脂乳固体（SNF）的比例，可通过添加稀奶油或添加脱脂乳、用分离机分离的方式进行。<br>·预热杀菌：原料乳浓缩之前的加热处理称为预热，分为间歇式杀菌、连续式杀菌及超高温瞬时灭菌。<br>预热目的：①杀灭原料乳中的病原菌和大部分杂菌，破坏和钝化酶的活力；②为原料乳在真空浓缩起预热作用，防止结焦，加速蒸发，使蛋白质适当变性，推迟成品变稠的时间。 | |
| 通过对生产中的重要工艺进行讲解，使学生对甜炼乳的工艺流程有更深刻的理解。 | ·加糖目的：主要是抑制乳中的细菌繁殖，延长制品的保存时间，且赋予产品甜味。这是因为糖的加入能够在炼乳中形成较高的渗透压，而渗透压与糖浓度成正比，所以能抑制细菌的生长繁殖，但加糖量过多也会产生沉淀等缺陷。<br>加糖方法：①将糖直接加于原料乳中，然后预热；②浓度为65%～75%的浓糖浆经95℃、5min杀菌，冷却至57℃后与杀菌后的乳混合浓缩。<br>·浓缩：能够除去部分水分，有利于贮存；减少重量和体积，便于运输。<br>·均质：甜炼乳均质压力一般在10～14MPa，温度为50～60℃。如果采用二次均质，第一次均质条件和上述相同，第二次均质压力为3.0～3.5MPa，温度控制以50～60℃为宜。 | PPT演示及陈述讲解。<br>提问：为什么通过加糖来增加乳制品的贮存呢？ |

（续）

| 教学意图 | 教学内容 | 教学环节设计 |
| --- | --- | --- |
| 讲解冷却结晶、包装和贮存。 | •冷却结晶：分为间歇式和连续式两大类，其目的是：①及时冷却，以防止炼乳在贮存期间变稠；②控制乳糖结晶，使乳糖组织状态细腻。<br>•包装和贮存：在普通设备中冷却的甜炼乳中含有大量的气泡，结晶后灌装时可采用真空封罐机或其他脱气设备，或静止5～10h，待气泡逸出后再进行灌装。装罐时应装满，尽可能排出顶隙空气。贮存过程中，每月应翻罐1次或2次，防止糖沉淀的形成。 | PPT演示及陈述讲解。 |
| 具体分析甜炼乳产品中常见的缺陷，以及致使产品品质变差的原因和可能的抑制途径。 | •变稠：分为微生物变稠和理化性变稠。<br>（1）微生物性变稠的控制措施　严格卫生管理；预热杀菌；提高蔗糖比；制品在10℃以下贮存。<br>（2）理化性变稠的控制措施　预热；降低温度和浓缩程度；提高蔗糖含量；添加磷酸盐、柠檬酸盐；降低原料乳酸度并在10℃以下贮存。<br>•理化性胀罐的控制措施：使用符合标准的空罐，并注意控制乳的酸度。<br>•糖沉淀：主要是乳糖结晶过大形成的，也与炼乳的黏度有关。此外，蔗糖比过高也会引起蔗糖沉淀，其控制措施与砂状炼乳相同。 | PPT演示及陈述讲解。<br>提问：在食用炼乳产品中，同学认为有哪些需要改进的地方吗？ |

（续）

<table>
<tr><th>教学意图</th><th>教学内容</th><th>教学环节设计</th></tr>
<tr><td colspan="3">4. 淡炼乳的生产工艺、操作要点及质量控制</td></tr>
<tr><td>讲述淡炼乳的概念及理化指标。</td><td>淡炼乳是将牛乳浓缩至原体积的40%，装罐后密封并经灭菌而成的制品。<br>
<table>
<tr><th rowspan="2">项目</th><th colspan="2">指标</th></tr>
<tr><th>特级</th><th>一级</th></tr>
<tr><td>全乳固体含量（%）</td><td>26.00</td><td>25.00</td></tr>
<tr><td>脂肪含量（%）</td><td>8.00</td><td>7.50</td></tr>
<tr><td>酸度（°T）</td><td>48.00</td><td>48.00</td></tr>
<tr><td>铅（以Pb计，mg/kg）</td><td>0.50</td><td>0.50</td></tr>
<tr><td>铜（以Cu计，mg/kg）</td><td>4.00</td><td>4.00</td></tr>
<tr><td>锡（以Sn计，mg/kg）</td><td>50.00</td><td>50.00</td></tr>
<tr><td>汞（以Hg计，mg/kg）</td><td>0.01</td><td>0.01</td></tr>
<tr><td>杂质度[a]（mg/kg）</td><td>（按鲜乳折算）4.00</td><td>（按鲜乳折算）4.00</td></tr>
</table>
注：[a] 指每千克产品中的杂质，用毫克（mg）表示。</td><td>PPT演示及陈述讲解。</td></tr>
<tr><td>通过工艺流程图帮助学生理解淡炼乳的生产工艺。</td><td>洗炼乳的生产工艺流程如下：<br> 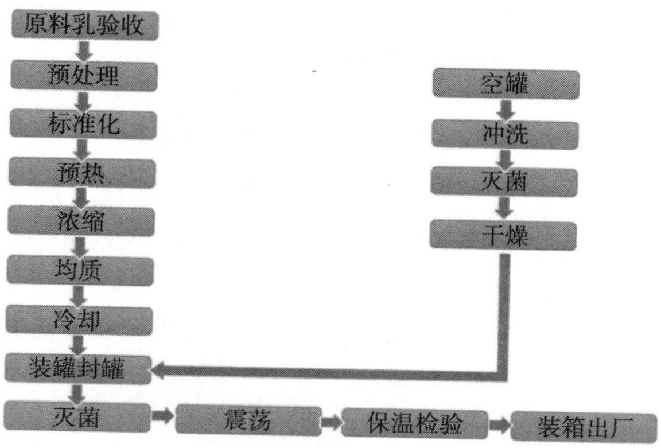
原料乳验收→预处理→标准化→预热→浓缩→均质→冷却→装罐封罐→灭菌→震荡→保温检验→装箱出厂<br>
空罐→冲洗→灭菌→干燥→装罐封罐</td><td>PPT演示及陈述讲解。<br>提问：淡炼乳与甜炼乳的有哪些不一样？</td></tr>
</table>

（续）

| 教学意图 | 教学内容 | 教学环节设计 |
| --- | --- | --- |
| | 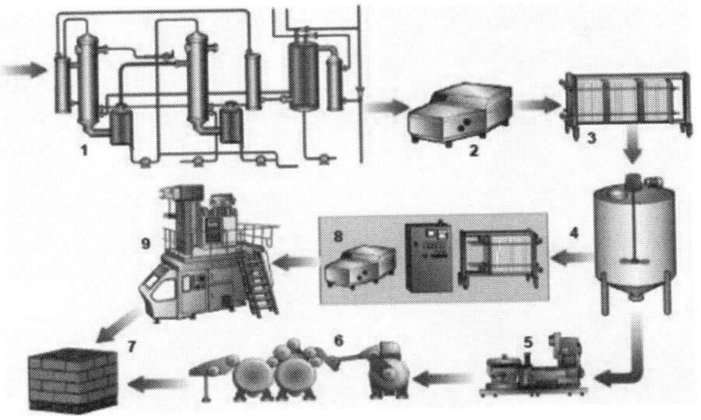 1. 真空浓缩 2. 均质 3. 冷却 4. 中间周转罐 5. 罐装<br>6. 杀菌 7. 贮存或冷却 8. UHT 杀菌 9. 无菌罐装 | |
| 分步骤讲解工艺帮助学生理解淡炼乳的生产工序。 | 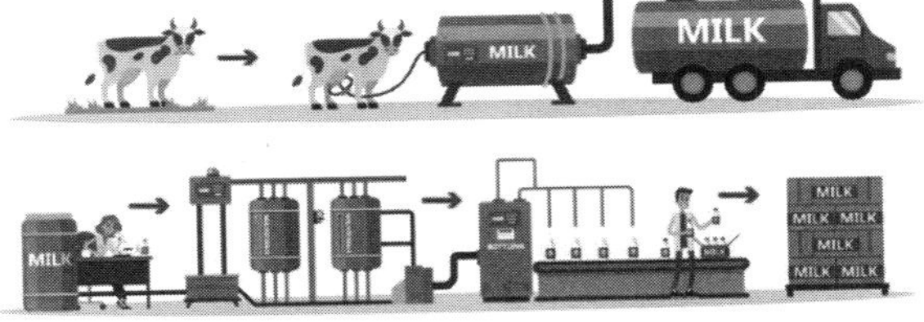 （1）原料乳的验收及预处理　必须选择新鲜的优质原料乳，脂肪含量应大于3.2%，总乳固体含量为11.5%，酸度低于18°T；要求热稳定性高，必须进行磷酸盐实验来测定原料乳中蛋白质的热稳定性。<br>（2）标准化　原料乳的脂肪与非脂乳固体的比值符合成品中脂肪与非脂乳固体的比值。<br>（3）预热杀菌　采用95～100℃、10～15min 杀菌，使乳中的钙离子成为磷酸三钙，且呈不溶性。 | PPT 演示及陈述讲解。 |
| 讲解浓缩和再标准工艺，深入理解淡炼乳的生产工艺。 |  | PPT 演示及陈述讲解。<br>提问：与甜炼乳制作加糖不同，增减或改进的工艺对淡炼乳品质有什么作用? |

（续）

| 教学意图 | 教学内容 | 教学环节设计 |
| --- | --- | --- |
|  | （4）浓缩　淡炼乳的浓缩过程与甜炼乳的基本相同，但淡炼乳不加蔗糖，乳中的干物质含量较低，可使用0.12MPa的蒸汽压力进行蒸发，温度保持在54～60℃，一般2.1kg的原料乳经浓缩可生产1kg的淡炼乳。<br>（5）再标准化　浓缩后的再标准化是使浓缩乳的总固形物控制在标准范围内，故也称加水操作。 |  |
| 讲解淡炼乳生产操作要点中的均质和冷却。 | （6）均质　与甜炼乳的均质目的相同，淡炼乳大多采用二次均质。<br>（7）冷却　为防止均质后温度较高且持续时间长可能出现耐热性细菌繁殖或酸度上升使杀菌效果及热稳定性降低，另外，在此温度下，成品的变质和褐变倾向也会加剧。因此，要及时、迅速地使物料的温度降下来。 | PPT演示及陈述讲解。 |
| 讲解淡炼乳生产操作要点中的浓缩和再标准化。 | （8）装罐与封罐　将稳定剂溶于灭菌蒸馏水中，加入到浓缩乳中，搅拌均匀，即可装罐、封罐。但不能装得太满，防止胀罐。<br>（9）保温检验　将成品在25～30℃下贮存3～4周，观察有无胀罐现象，并开罐检查有无缺陷。必要时可抽取一定比例样品，于37℃下贮存7～10d后加以检验，合格后方可出厂。 | PPT演示及陈述讲解。 |

（续）

| 教学意图 | 教学内容 | 教学环节设计 |
| --- | --- | --- |
| 讲解淡炼乳质量缺陷及控制方法。 | ·脂肪上浮：由黏度下降或均质不完全而产生的。<br>·胀罐：分为细菌性胀罐、化学性胀罐及物理性胀罐三种类型。<br>·褐变：淡炼乳经高温灭菌后颜色变深，呈黄褐色。为防止褐变，要尽量避免经过长时间的高温加热处理，同时产品应保存在5℃以下。<br>·黏度降低：在贮存期间会出现黏度降低的趋势。<br>·凝固：一般为细菌性凝固和理化性凝固。<br>·蒸煮味：由乳中的蛋白质长时间高温处理而分解而产生的硫化物所致。 | PPT演示及陈述讲解。 |
| **5. 其他浓缩乳制品** | | |
| 讲述其他浓缩乳的概念。 | （1）Creamer　替代再制甜炼乳的一种“咖啡伴侣”产品，在饮用咖啡及茶时使用，具有广泛的市场需求。这种类型的产品从技术上讲与甜炼乳相似，但与甜炼乳相比，减少了非脂乳固体，用植物油代替乳脂肪且脂肪按量增加，故保持了产品的白色。<br>（2）其他　如浓缩酪乳、浓缩乳清、浓缩脱脂乳等，有一些属于可直接消费的产品，有一些则是加工的半成品或工业用产品。 | PPT演示及陈述讲解。 |

（续）

| 教学意图 | 教学内容 | 教学环节设计 |
|---|---|---|
| **6. 小结** | | |
| 总结梳理本节课的知识脉络，引导学生学会自主总结，布置思考题。 | 重点掌握：炼乳生产工艺流程、炼乳生产操作要点、炼乳的质量缺陷及控制方法、其他浓缩乳制品。<br>思考题：<br>1. 如何确定炼乳浓缩的终点？<br>2. 淡炼乳和甜炼乳的生产有何不同？ | PPT 演示及陈述讲解。 |

# 五、板书设计

**1. 概述**

**2. 甜炼乳的生产**

标准化、加糖

**3. 淡炼乳的生产**

再标准化、保温检验

# 六、参考文献


蒋爱民，张兰威，2019. 畜产食品工艺学［M］. 北京：中国农业出版社.

张兰威，蒋爱民，2016. 乳与乳制品工艺学［M］. 北京：中国农业出版社.

周頔，徐升，孙艳辉，等，2019. 紫薯对炼乳流变及质构特性的影响［J］. 食品与发酵工业，45（16）：97-103.

周光宏，2013. 畜产品加工学［M］. 北京：中国农业出版社.

PARK C W，DRAKE M A，2016. Condensed milk storage and evaporation affect the flavor of nonfat dry milk［J］. Journal of Dairy Science，99（12）：1-12.


# 七、预习任务与课后作业

1. 思考题：你认为生产甜炼乳主要解决什么问题？

2. 通过雨课堂预习写本节课的内容，并观看相应视频。

3. 课堂上涉及的专业英语词汇及相关知识的最新前沿进展文献都将通过雨课堂的方式推送给学生。

## 八、要求掌握的英语词汇

- 炼乳 condensed milk
- 浓缩 concentration
- 脱脂乳 skim milk
- 胀罐 puffer
- 标准化 standardization
- 均质压力 homogenizing pressure
- 非脂乳固体 nonfat milk solid

# 第五章 乳粉加工

## 一、乳粉科学与技术

### （一）教学目标

1. 知识目标

◇ 学生能正确阐述乳粉干燥技术的机理。

2. 能力目标

◇ 在对乳粉加工工艺的学习中，学生经过阶段分析对生产实际概况有了系统了解，具备基本的生产方案设计和综合调控能力。在探索生产原理的过程中，充分提升学生的独立思考能力和判断能力。

◇ 分析两段式干燥在乳粉实际生产中的优点和各个阶段的特点，引导学生看透问题的本质，提高独立解决问题的能力。

3. 情感目标

◇ 工艺技术的不断创新，需要立足于专业基础之上和实践积累之中。乳粉生产的科学技术仍旧存在难以突破性的障碍，这限制了我国乳制品的发展，在婴幼儿配方乳粉中的表现更明显。通过引导学生学好专业知识，着力塑造食品人敢于承担重任的工匠精神。

### （二）教学内容分析

1. 教学内容

◇ 乳粉的概况

◇ 乳粉的干燥技术

◇ 乳粉的工艺

◇ 婴幼儿配方乳粉

2. 教学重点与难点

◇ 乳粉的干燥技术

**处理方法：**重点讲解并启发学生主动思考。乳粉的干燥技术是影响乳粉溶

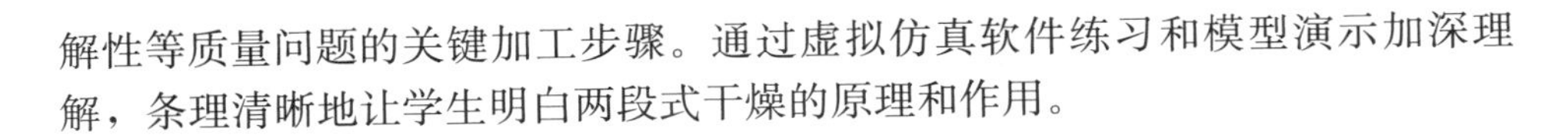
解性等质量问题的关键加工步骤。通过虚拟仿真软件练习和模型演示加深理解，条理清晰地让学生明白两段式干燥的原理和作用。

## （三）教学思路

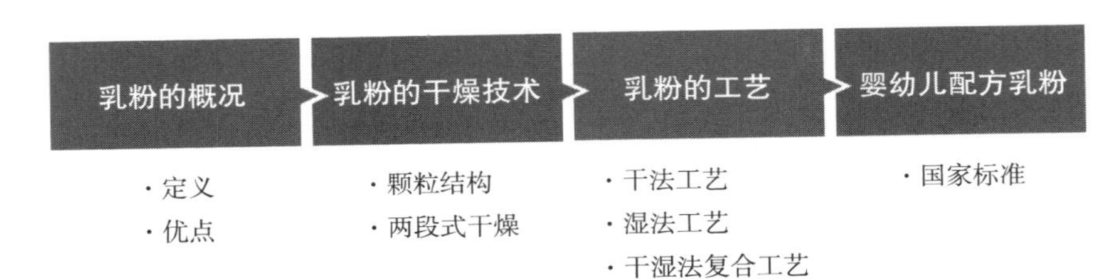


## （四）教学进程具体设计（45min）

| 教学意图 | 教学内容 | 教学环节设计 |
| --- | --- | --- |
| **1. 引入** | | |
| 通过引入问题吸引学生的学习兴趣。 | 液态的乳如何变成粉末状的？ | PPT演示及陈述讲解。<br>提问：乳粉是否为一种贮存食品的方法？ |
| **2. 乳粉的概况** | | |
| 讲述乳粉的概念和分类。 | 从广义来讲，乳粉是以鲜乳或乳粉为原料，添加或不添加食品添加剂和（或）食品营养强化剂等辅料，经脱脂或不脱脂、浓缩干燥或干混合的粉末状产品。乳粉概念的延伸主要包括乳清粉、酪乳粉、奶油粉和干酪素、乳糖等产品。乳粉的分类有全脂乳粉、脱脂乳粉、调制乳粉、全脂加糖乳粉和配方乳粉。 | PPT演示及陈述讲解。 |

（续）

| 教学意图 | 教学内容 | 教学环节设计 |
|---|---|---|
| 从生产实际中阐述乳粉的优点。 | 乳粉中的水分含量低，抑制了微生物的繁殖。除去了几乎全部的水分后，既减轻了重量又减小了体积，为贮存、运输带来了方便。此外，乳粉冲调容易，便于饮用，因此可以调节产乳的淡旺季节对市场的供应。 | PPT 演示及陈述讲解。 |
| **3. 乳粉的干燥技术** | | |
| 从乳粉的结构入手，阐述不同种乳粉的特点。 | <br>滚筒法生产的乳粉：呈不规则的片状，不含有气泡，溶于水后不能完全溶解，溶液中仍然存在不溶性的乳粉颗粒。<br>喷雾法生产的乳粉：呈颗粒状，常含有单个或几个气泡，乳粉颗粒呈球状或几个连在一起的葡萄状，在水中能够很好地溶解，溶液中几乎没有不溶性的乳粉颗粒。 | PPT 演示及陈述讲解。 |
| 介绍不同的干燥工序，通过仿真图模拟实际生产过程，帮助学生理解两段式干燥。 | 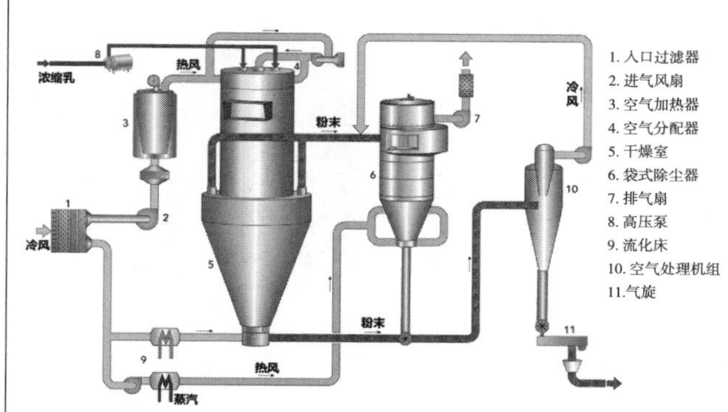 | PPT 演示及陈述讲解。 |

（续）

| 教学意图 | 教学内容 | 教学环节设计 |
| --- | --- | --- |
| | 第一段干燥（喷雾干燥，较低的出口温度）：乳粉中的水分含量为7%～8%。<br>第二段干燥（流化床干燥）：进一步除去水分（<3%），避免干燥温度过高形成乳粉颗粒附聚物，可以改善乳粉的冲调性（易分散、易湿润）。 | |
| **4. 乳粉的工艺** | | |
| 讲解乳粉生产中的干法工艺。 | （1）干法工艺　原料乳粉＋其他营养素→原料混合（干燥状态下）→填充装罐。<br>原料乳粉＋其他营养素　原料混合（干燥状态下）　填充装罐<br>鲜乳验收　净乳　降温贮存　植物油　配料　维生素　DHA、ARA……　均质　杀菌 浓缩　喷雾干燥　出粉　成品 | PPT演示及陈述讲解。 |
| 讲解乳粉生产中的湿法工艺。 | （2）湿法工艺　鲜乳＋其他营养素→液相混合→喷雾干燥成粉→罐装成品。<br>鲜乳 ＋ 其他营养素　液相混合　喷雾干燥成粉　罐装成品 | PPT演示及陈述讲解。 |
| 讲解乳粉生产中的干湿法复合工艺。 | （3）干湿法复合工艺　鲜乳＋其他营养素→液相混合→喷雾干燥成粉→用干法工艺加入热敏营养素→罐装成品。<br>鲜乳 ＋ 其他营养素　液相混合　喷雾干燥成粉　用干法工艺加入热敏营养素　罐装成品 | PPT演示及陈述讲解。 |

（续）

| 教学意图 | 教学内容 | 教学环节设计 |
|---|---|---|
| **5. 婴幼儿配方乳粉** | | |
| 讲解婴幼儿配方乳粉中所含的营养素。 | （1）DHA、AA　能帮助大脑发育，提高记忆力，增强学习能力。<br>（2）叶黄素　人体无法合成，避免光线对眼睛的氧化伤害。<br>（3）胆碱　能促进大脑发育，提高学习能力。<br>（4）核苷酸　仿母乳中的5种重要核苷酸，可增强婴幼儿自身的抵抗力。<br>（5）α-乳清蛋白　吸收效率高，代谢负担轻，帮助获得优质睡眠。<br>（6）牛磺酸　能促进婴幼儿脑组织及智力发育。<br>（7）乳铁蛋白　有助于消化吸收，具有抑菌和抗病毒作用。 | PPT演示及陈述讲解。 |
| 讲解国家标准对婴儿配方食品的要求。 | （1）《食品安全国家标准　婴儿配方食品（蛋白质、脂肪、碳水化合物）》（GB 10765—2021）<br>（见下表）<br>（2）《食品安全国家标准 婴儿配方食品（维生素）》（GB 10765—2021） | PPT演示及陈述讲解。 |

| 营养素 | 指标 | | | | 检验方法 |
|---|---|---|---|---|---|
| | 每100kJ | | 每100kcal | | |
| | 最小值 | 最大值 | 最小值 | 最大值 | |
| 蛋白质 | | | | | |
| 乳基婴儿配方食品（g） | 0.45 | 0.70 | 1.88 | 2.93 | GB 5009.5 |
| 豆基婴儿配方食品（g） | 0.50 | 0.70 | 2.69 | 2.93 | |
| 脂肪（g） | 1.05 | 1.40 | 4.39 | 5.86 | GB 54133 |
| 亚油酸（g） | 0.07 | 0.33 | 0.29 | 1.38 | GB 5413.27 |
| α-亚麻酸（mg） | 12 | *N.S*[a] | 50 | *N.S.*[a] | |
| 亚油酸与α-亚麻酸比值 | 5∶1 | 15∶1 | 5∶1 | 15∶1 | — |
| 碳水化合物（g） | 2.2 | 3.3 | 9.2 | 13.8 | — |

（续）

| 教学意图 | 教学内容 | 教学环节设计 |
| --- | --- | --- |

| 营养素 | 指标 | | | | 检验方法 |
| --- | --- | --- | --- | --- | --- |
| | 每 100kJ | | 每 100kcal | | |
| | 最小值 | 最大值 | 最小值 | 最大值 | |
| 维生素 A（μg RE） | 14 | 43 | 59 | 180 | GB 5413. 9 |
| 维生素 D（μg） | 0. 25 | 0. 60 | 1. 05 | 2. 51 | |
| 维生素 E（mg α-TE） | 0. 12 | 1. 20 | 0. 50 | 5. 02 | |
| 维生素 $K_1$（μg） | 1. 0 | 6. 5 | 4. 2 | 27. 2 | GB 5413. 10 |
| 维生素 $B_1$（μg） | 14 | 72 | 59 | 301 | GB 5413. 11 |
| 维生素 $B_2$（μg） | 19 | 119 | 80 | 498 | GB 5413. 12 |
| 维生素 $B_6$（μg） | 8. 5 | 45. 0 | 35. 6 | 188. 3 | GB 5413. 13 |
| 维生素 $B_{12}$（μg） | 0. 025 | 0. 360 | 0. 105 | 1. 506 | GB 5413. 14 |
| 烟酸（烟酰胺）（μg） | 70 | 360 | 293 | 1 506 | GB 5413. 15 |
| 叶酸（μg） | 2. 5 | 12. 0 | 10. 5 | 50. 2 | GB 5413. 16 |
| 泛酸（μg） | 96 | 478 | 402 | 2 000 | GB 5413. 17 |
| 维生素 C（mg） | 2. 5 | 17. 0 | 10. 5 | 71. 1 | GB 5413. 18 |
| 生物基（μg） | 0. 4 | 2. 4 | 1. 5 | 10. 0 | GB 5413. 19 |

**6. 小结**

| 教学意图 | 教学内容 | 教学环节设计 |
| --- | --- | --- |
| 总结梳理本节课的知识脉络，结合所学知识及课后查阅文献解决思考题。 | 重点掌握：乳粉的两段式干燥、乳粉发生附聚的生产过程。 | PPT 演示及陈述讲解。 |

## （五）板书设计

**1. 乳粉的干燥技术**

喷雾干燥、流化床干燥

**2. 乳粉的工艺**

**3. 婴幼儿配方乳粉**

## （六）参考文献

蒋爱民，张兰威，2019. 畜产食品工艺学［M］. 北京：中国农业出版社.

曾琦，张峻霞，张遵浩，等，2021. 乳粉二段干燥中流化床的生命周期评价及敏感性分析［J］. 中国乳品工业，49（10）：59-64.

张兰威，蒋爱民，2016. 乳与乳制品工艺学［M］. 北京：中国农业出版社.

周光宏，2013. 畜产品加工学［M］. 北京：中国农业出版社.

NAYAK C，MADHUSUDA N，RAMACHANDRA C T，2022. Influence of processing conditions on quality of Indian small grey donkey milk powder by spray drying［J］. Journal of Food Science and Technology：1-8.

## （七）预习任务与课后作业

1. 思考题：喷雾干燥出口温度过高会造成哪些影响？

2. 通过雨课堂预习写出本节课的内容，并观看相应视频。

3. 课堂上涉及的专业英语词汇及相关知识的最新前沿进展文献都将通过雨课堂的方式推送给学生。

## （八）要求掌握的英语词汇

- 全脂乳粉　whole milk powder
- 脱脂乳粉　skimmed milk powder
- 调制乳粉　recombined milk powder
- 亚胶粒模型　sub-micelle model
- Holt 模型　Holt model
- 双结合模型　dual-binding model

# 二、乳　清　粉

## （一）教学目标

### 1. 知识目标

◇比较乳清蛋白与酪蛋白的区别，并阐述乳清蛋白在实际中的应用。

### 2. 能力目标

◇学会对比学习的方法，并在学习乳清从哪里来、到哪里去的过程中，引导学生思考提高产品的利用率，培养学生在乳品深加工方面的综合设计能力。

### 3. 情感目标

◇乳清综合利用是我国乳品行业的瓶颈，乳清产品占我国进口乳制品的50%。让学生认同我们需要攻坚克难突破核心技术，打破行业瓶颈，培养学生科学严谨的学习态度及作为一名食品人应该具有的责任感和使命感。

## （二）教学内容分析

**1. 教学内容**

◇乳清粉

◇乳清蛋白与酪蛋白

◇乳清蛋白的应用

**2. 教学重点与难点**

◇乳清蛋白与酪蛋白的特性及区别

**处理方法：** 综合运用已有知识，在前阶段对酪蛋白特性学习的基础上，采用对比的方法，从乳清蛋白的生理功能、与酪蛋白的区别及酪蛋白胶束的聚集几个方面展开，加深学生的理解。

## （三）教学思路

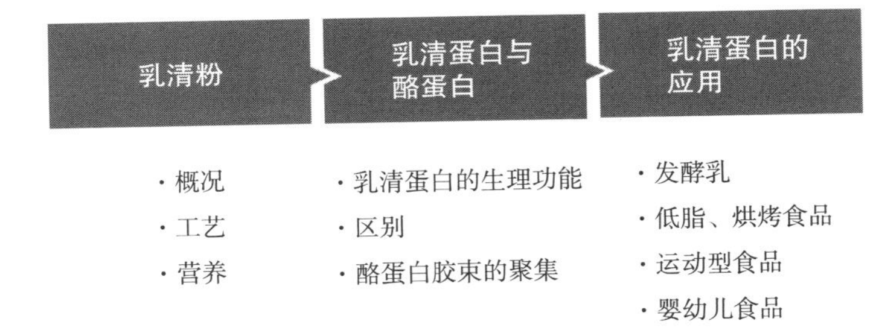


## （四）教学进程具体设计（45min）

| 教学意图 | 教学内容 | 教学环节设计 |
|---|---|---|
| **1. 引入** | | |
| 举例引发学生思考。 | 健身补剂——两种被认为是完全蛋白质的补充品，即乳清蛋白、酪蛋白。<br>特级乳清蛋白　分离乳清蛋白　乳清蛋白　缓释蛋白<br>水解牛肉蛋白　酪蛋白　水解乳清蛋白　训练后蛋白 | PPT 演示及陈述讲解。 |

（续）

| 教学意图 | 教学内容 | 教学环节设计 |
|---|---|---|
| **2. 乳清粉** | | |
| 讲述乳清粉的定义、分类及工艺流程 | 乳清是从干酪或干酪素生产中得到的副产品，是总固体含量在6.0%～6.5%、不透明的浅黄色液体，固形物占原料乳总干物质的一半。<br>乳清的预处理→杀菌→浓缩→喷雾干燥（滚筒干燥）→冷却→筛粉→包装<br>乳清粉是最传统的乳清加工制品，按其特性不同可基本分为四大类：甜性乳清粉、酸性乳清粉、脱盐乳清粉、低乳糖乳清粉。 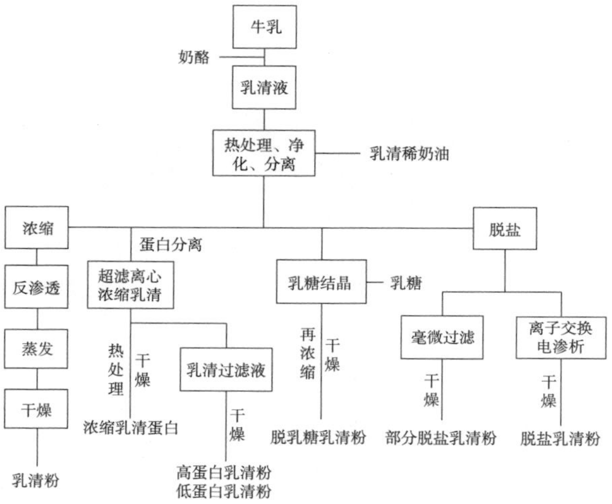<br>牛乳（奶酪）→乳清液→热处理、净化、分离（乳清稀奶油）<br>浓缩→反渗透→蒸发→干燥→乳清粉<br>蛋白分离→超滤离心浓缩乳清→热处理、干燥→浓缩乳清蛋白；乳清过滤液→干燥→高蛋白乳清粉、低蛋白乳清粉<br>乳糖结晶（乳糖）→再浓缩、干燥→脱乳糖乳清粉<br>脱盐→毫微过滤→干燥→部分脱盐乳清粉；离子交换电渗析→干燥→脱盐乳清粉 | PPT演示及陈述讲解。 |
| 讲述乳清粉的营养、功能特性。 | 营养：含有乳清蛋白、矿物质、微量元素和维生素。<br>功能特性：成胶性、起泡性、惯打性、乳化性、持水能力、成膜性和抗氧化性。 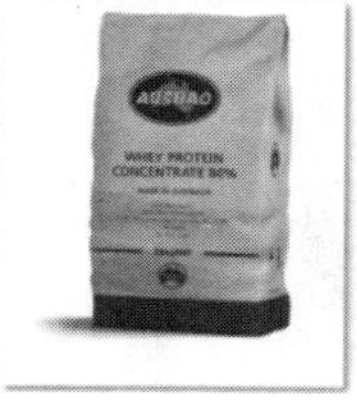 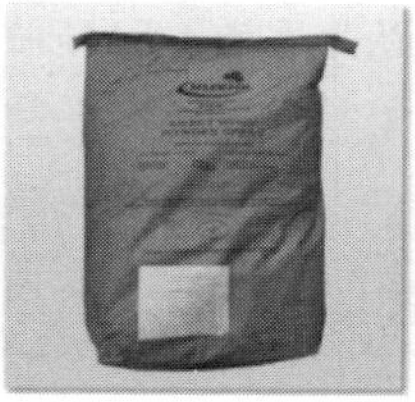 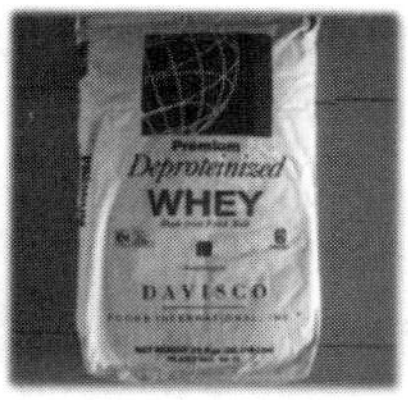 | PPT演示及陈述讲解。 |
| 讲述乳清蛋白的生理功能。 | （1）抑制食欲　糖巨肽（glycomacropeptide，GMP）是胆囊肽（cholecystokinin，CCK）的强促进因子，CCK是食欲抑制素。研究表明，酪蛋白比乳清蛋白有更高含量的GMP，但乳清蛋白可释放CCK。 | PPT动画演示及陈述讲解。 |

（续）

| 教学意图 | 教学内容 | 教学环节设计 |
| --- | --- | --- |
| | （2）对人体免疫系统的促进作用　具有很高含量的半胱氨酸，半胱氨酸被认为是谷胱甘肽（GSH）进行合成的限速物质。<br>（3）抗氧化作用　乳清蛋白富含半胱氨酸，半胱氨酸是保护细胞免受自由基和氧化应激损伤的关键分子，能维持细胞和组织 GSH 水平，从而增强机体的抗氧化能力。<br>α-乳白蛋白、β-乳球蛋白、免疫球蛋白、乳铁蛋白和乳过氧化酶<br>热不稳定的乳清蛋白 | |
| **3. 乳清蛋白与酪蛋白** | | |
| 讲述乳清蛋白与酪蛋白的区别。 | （1）从消化效率来看，乳清蛋白到达血管中的速度比较快，能提高血液中氨基酸的水平；酪蛋白是慢速蛋白，在血管中的存在时间较长。<br>（2）从蛋白质效应来看，乳清蛋白、亮氨酸增加肌蛋白的合成，利于长肌肉；酪蛋白能降低肌蛋白被分解的速度，利于保存肌肉。<br>乳清蛋白　酪蛋白　乳清蛋白　酪蛋白 | PPT 演示及陈述讲解。 |
| 结构决定性质，结合 PPT 讲解酪蛋白胶束的聚集。 | 酪蛋白被摄入后，会形成黏稠的凝胶状物质，从而延长其消化和分解时间，促成持续释放。<br>原因：κ-酪蛋白在凝乳酶的作用下，生成副 κ-酪蛋白和糖巨肽，带负电荷的亲水链从酪蛋白胶束表面脱离，减少了粒子间的阻力，利于絮凝的发生。<br>N　His 98　Phe-Met 105 106　Lys 111　C　κ-酪蛋白<br>凝乳酶<br>N　His 98　Phe 105　Met 106　Lys 111　C<br>副κ-酪蛋白　糖巨肽　副κ-酪蛋白　糖巨肽 | PPT 演示及陈述讲解。 |
| **4. 乳清蛋白的应用** | | |
| 讲解乳清蛋白的应用。 | （1）在酸乳和发酵乳制品中的应用　乳清蛋白可以在酸乳生产中提供非脂乳固体，能够促进有益菌的生长，添加到酸乳中可以改善产品风味、质构，以及营养和保健作用，增加 | PPT 动画演示及陈述讲解。 |

（续）

| 教学意图 | 教学内容 | 教学环节设计 |
| --- | --- | --- |
| 讲解乳清蛋白的应用。 | 产品的自身价值。<br>（2）在低脂食品中的应用　乳清浓缩蛋白被认为是模拟脂肪，可在低脂食品中单独或与其他模拟脂肪混合使用，可使低脂食品（如低脂肉制品、低脂汤和调味汁）的滑腻度、质构、持水性、不透明度和附着等特性增强。<br>（3）在烘烤食品中的应用　乳清蛋白能够改善面包皮的褐变、面包芯的结构及面包风味、焙烤质量且减缓陈化、延长货架期。<br>（4）在运动型食品中的应用　乳清蛋白易消化，代谢效率高，同时也是所有天然蛋白质来源中支链氨基酸含量最高的。乳清蛋白中还含有多种生物活性物质，因此具有很强的功能特性。<br>（5）在婴幼儿食品中的应用　牛乳中蛋白质的质量和数量与母乳中的蛋白质有一定区别。在很多情况下如不能用母乳喂养时，需要使用乳清蛋白对牛乳中乳清蛋白和酪蛋白的比例进行调节。 | 提问：常见的乳清蛋白的产品有哪些？<br>PPT动画演示及陈述讲解。 |

| 每升含量 | 人乳 | 牛乳 | 婴幼儿配方乳粉 | | |
| --- | --- | --- | --- | --- | --- |
| | | | 早产儿 | 一般 | 不含牛乳 |
| 能量（kcal） | 690 | 660 | 676 | 676 | 676 |
| 蛋白质（g） | 9 | 35 | 20 | 18 | 17 |
| 牛磺酸（mg） | 80~40 | 1 | 48~57 | 40 | |
| 脂肪（g） | 45 | 37 | 35 | 35 | 35 |
| 碳水化合物（g） | 68 | 49 | 74 | 79 | 75 |
| 乳糖（g） | 68 | 49 | 30 | 55 | 0 |

乳清：酪蛋白比例为80：20~60：40　　乳清：酪蛋白比例为20：80

**5. 小结**

（续）

| 教学意图 | 教学内容 | 教学环节设计 |
| --- | --- | --- |
| 总结梳理本节课的知识脉络，完成思考题。 | 重点掌握：乳清蛋白的功能及营养特性、乳清蛋白和酪蛋白的区别、乳清蛋白的应用。<br>思考题：<br>1. 哪些食品中添加了乳清蛋白？添加的目的是什么？<br>2. 乳清蛋白的适用人群有哪些？ | PPT 演示及陈述讲解。 |

## （五）板书设计

**1. 乳清粉**

定义、种类、特性

**2. 乳清蛋白**

生理功能、与酪蛋白的区别

**3. 乳清蛋白的应用**

## （六）参考文献

郭其洪，张燕，王雪峰，等，2021. 乳饼加工中乳清水制备乳清蛋白粉的工艺研究［J］. 食品研究与开发，42（19）：93-99.

蒋爱民，张兰威，2019. 畜产食品工艺学［M］. 北京：中国农业出版社.

张兰威，蒋爱民，2016. 乳与乳制品工艺学［M］. 北京：中国农业出版社.

周光宏，2013. 畜产品加工学［M］. 北京：中国农业出版社.

JEONG E W，PARK G R，KIM J Y，et al，2022. Whey proteins-fortified milk with adjusted casein to whey proteins ratio improved muscle strength and endurance exercise capacity without lean mass accretion in rats［J］. Foods，11（4）：574-574.

## （七）预习任务与课后作业

1. 思考题：哪些食品中添加了乳清蛋白？添加的目的是什么？

2. 通过雨课堂预习下节课的内容，并观看相应视频。

3. 课堂上涉及的专业英语词汇及相关知识的最新前沿进展文献都将通过雨课堂的方式推送给学生。

## （八）要求掌握的英语词汇

- 乳清粉　whey powder
- 浓缩乳清蛋白　whey protein concentrate
- 糖巨肽　glycomacropeptide
- 胆囊肽　oil-in-water
- 酪蛋白胶束　casein micelles

# 第六章　发酵乳及乳饮料加工

## 一、酸乳的营养价值

### （一）教学目标

1. 知识目标

◇学生应在不借助资料的情况下，能正确阐述酸乳的营养价值。

2. 能力目标

◇在学习酸乳营养价值的基础上，通过激发学生延伸思考提高酸乳品质的途径，训练学生拓展思维、跳跃思维等触类旁通的能力。

3. 情感目标

◇通过对酸乳基础理论的学习，结合拓展阅读，培养学生良好的学习习惯和团队精神，使学生能具备更多的知识储备和专业素养。

### （二）教学内容分析

1. 教学内容

◇牛乳和酸乳的特点与成分差异

◇酸乳中的营养物质

2. 教学重点与难点

◇酸乳中的营养物质

处理方法：酸乳在国民乳制品消费中占据一定比例，这取决于其独特的口感、优良的品质，教学中安排学生查阅并学习文献，通过相关文献和标准进行扩展阅读，加深学生对酸乳中糖、蛋白质、脂肪、维生素和矿物质特性的认识。

## （三）教学思路

牛乳和酸乳的特点与成分差异 > 酸乳的营养特性 > 讨论

| 牛乳和酸乳的特点与成分差异 | 酸乳的营养特性 | 讨论 |
| --- | --- | --- |
| · 营养特点<br>· 成分差异 | · 碳水化合物<br>· 蛋白质<br>· 脂肪<br>· 维生素和矿物质 | · 发酵乳与牛乳的区别 |

## （四）教学进程具体设计（45min）

| 教学意图 | 教学内容 | 教学环节设计 |
| --- | --- | --- |
| **1. 引入** | | |
| 从实际生活出发，激发学生兴趣。 | 牛乳和酸乳，你会选择哪种？ | PPT 演示及陈述讲解。 |
| **2. 牛乳和酸乳的特点** | | |
| 讲解牛乳和酸乳的营养特点和成分差异。 | （1）牛乳<br>①蛋白质含有 8 种必需氨基酸。<br>②所含有的脂肪熔点低，容易被人体消化吸收。<br>③乳糖能促进肠蠕动和帮助消化腺分泌。<br>④所含的钙是人体钙的很好来源。<br>⑤几乎含有一切已知的维生素。<br>⑥含有能增进儿童智商所需要的抗体物质。<br>（2）酸乳<br>①调节人体肠道中的微生物菌群平衡。<br>②蛋白质和钙盐更易被人体消化吸收。<br>③减轻“乳糖不耐受”的症状，对于缺乏乳糖酶的人更适宜饮用。 | 提问：牛乳与酸乳有哪些区别？ |

（续）

| 教学意图 | 教学内容 | 教学环节设计 |
| --- | --- | --- |

| 组成 | 牛乳 | | 酸乳 | | | |
| --- | --- | --- | --- | --- | --- | --- |
| | 全脂 | 脱脂 | 全脂 | 低脂 | 低脂/果汁 | 希腊式 |
| 水(g/100g) | 87.8 | 91.1 | 81.9 | 84.0 | 77.0 | 77.0 |
| 能量(kcal/100g) | 66 | 33 | 79 | 56 | 90 | 115 |
| 蛋白质(mg/100g) | 3.2 | 3.3 | 5.7 | 5.1 | 4.1 | 6.4 |
| 脂肪(g/100g) | 3.9 | 0.1 | 3.0 | 0.8 | 0.7 | 9.1 |
| 糖(g/100g) | 4.8 | 5.0 | 7.8 | 7.5 | 17.9 | NR |
| 钙(mg/100g) | 115 | 120 | 200 | 190 | 150 | 150 |
| 磷(mg/100g) | 92 | 95 | 170 | 160 | 120 | 130 |
| 钠(mg/100g) | 55 | 55 | 80 | 83 | 64 | NR |
| 钾(mg/100g) | 140 | 150 | 280 | 250 | 210 | NR |
| 锌(mg/100g) | 0.4 | 0.4 | 0.7 | 0.6 | 0.5 | 0.5 |

**3. 酸乳的营养特性**

从喝牛乳中常见的“乳糖不耐受”问题引入，介绍酸乳的营养特性。

人乳中乳糖含量为5.5%～8.0%，平均为6.7%；而牛乳中乳糖含量为4.4%～5.2%，平均为4.8%。

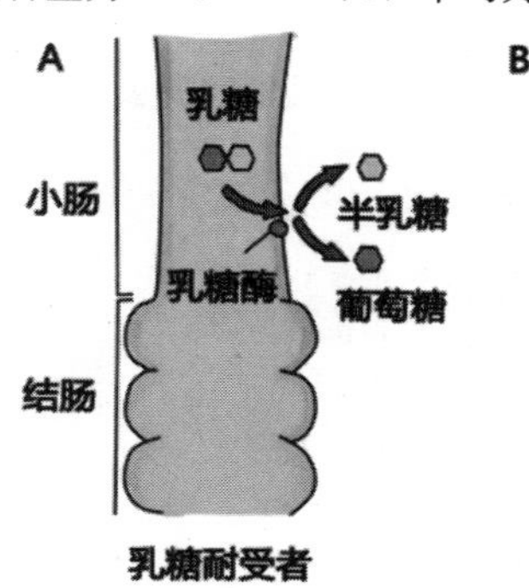


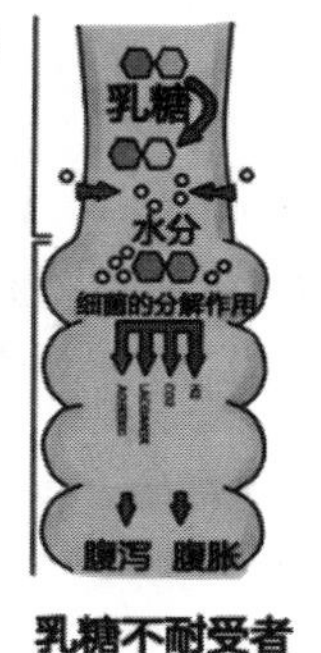


提问：人乳中的乳糖含量高于牛乳，为什么还有人出现“乳糖不耐受的症状”？

（续）

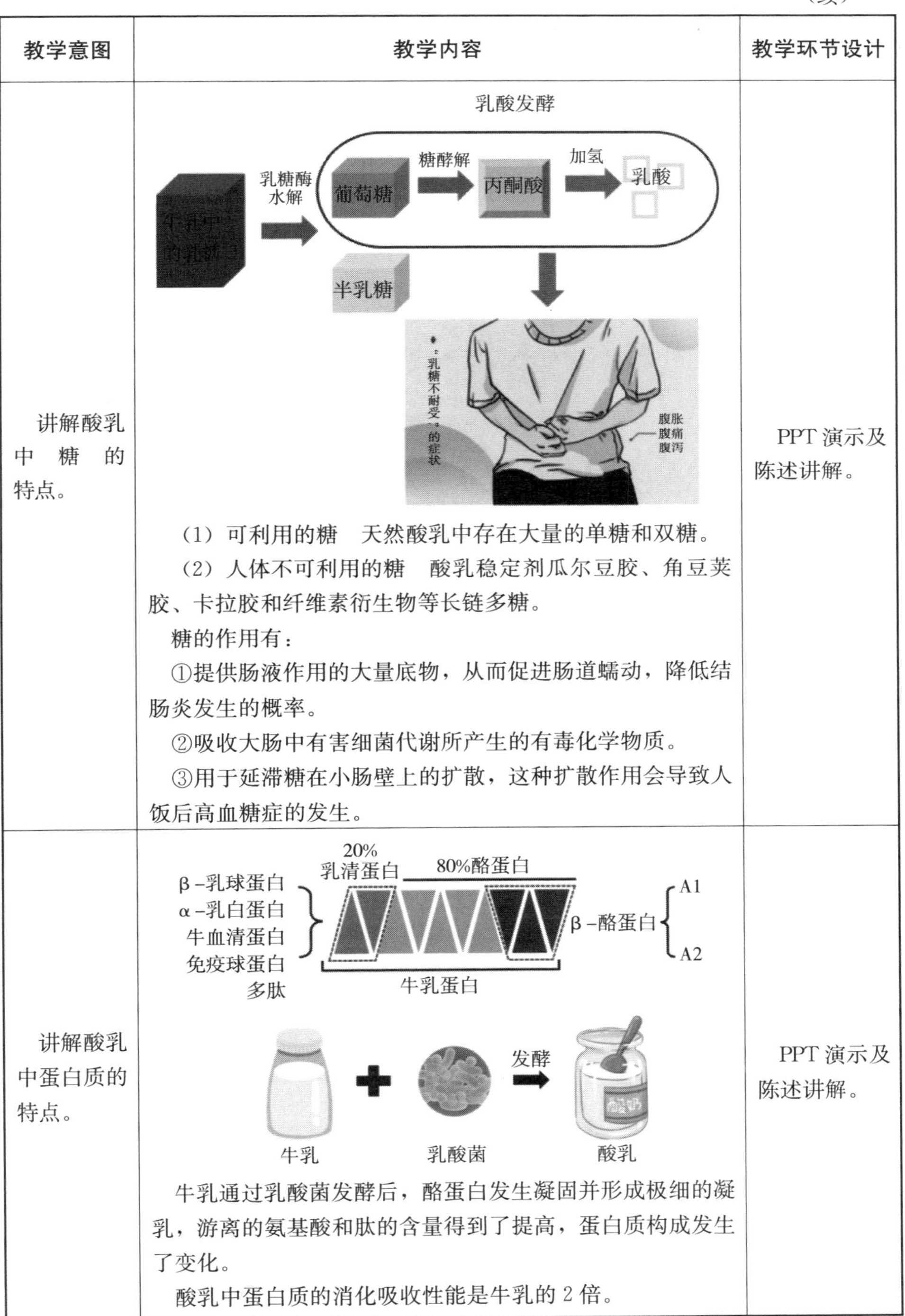


| 教学意图 | 教学内容 | 教学环节设计 |
|---|---|---|
| 讲解酸乳中糖的特点。 | （1）可利用的糖　天然酸乳中存在大量的单糖和双糖。<br>（2）人体不可利用的糖　酸乳稳定剂瓜尔豆胶、角豆荚胶、卡拉胶和纤维素衍生物等长链多糖。<br>糖的作用有：<br>①提供肠液作用的大量底物，从而促进肠道蠕动，降低结肠炎发生的概率。<br>②吸收大肠中有害细菌代谢所产生的有毒化学物质。<br>③用于延滞糖在小肠壁上的扩散，这种扩散作用会导致人饭后高血糖症的发生。 | PPT演示及陈述讲解。 |
| 讲解酸乳中蛋白质的特点。 | 牛乳通过乳酸菌发酵后，酪蛋白发生凝固并形成极细的凝乳，游离的氨基酸和肽的含量得到了提高，蛋白质构成发生了变化。<br>酸乳中蛋白质的消化吸收性能是牛乳的2倍。 | PPT演示及陈述讲解。 |

（续）

<table>
<tr><th>教学意图</th><th>教学内容</th><th>教学环节设计</th></tr>
<tr><td>讲解酸乳中脂肪的特点。</td><td>酰基甘油是乳脂中最主要的成分，它是由脂肪酸和甘油分子酯化而形成的，甘油分子中的3个碳原子从上到下依次用Sn-1、Sn-2、Sn-3表示。 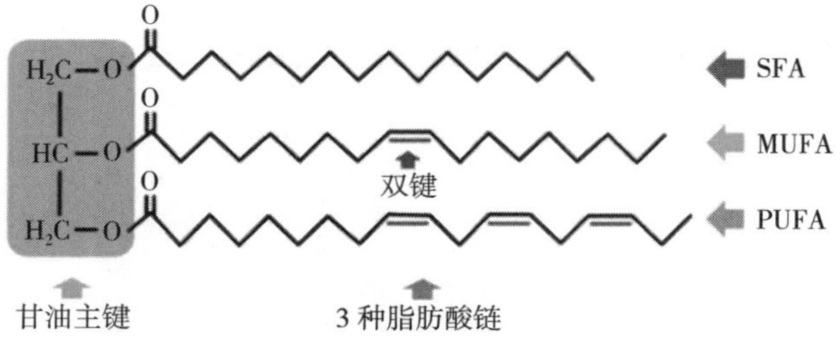<br><br>生牛乳中的脂肪球直径为1～10μm，经过均质后其直径变为1～2μm。脂肪球表面积增加，利于乳酸菌类脂肪酶和消化酶发生作用。 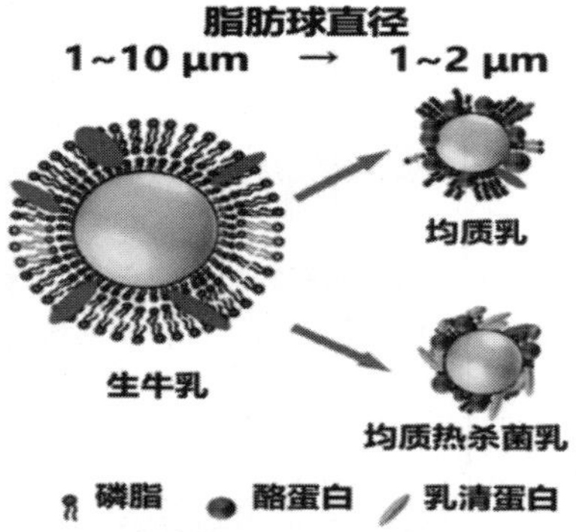</td><td>PPT演示及陈述讲解。</td></tr>
<tr><td>讲解酸乳中维生素和矿物质的特点。</td><td> 与液态乳相比，非脂固型物含量（SNF）增加表明酸乳中的无机离子或基团含量也将更高。<br>乳经过乳酸菌发酵后对矿物质含量并无影响，人体对发酵</td><td>PPT演示及陈述讲解。</td></tr>
</table>

（续）

<table>
<tr><th>教学意图</th><th>教学内容</th><th>教学环节设计</th></tr>
<tr><td></td><td>乳中钙、磷等矿物质的吸收性能比牛乳高，主要是钙、磷、铁离子受到了乳酸的影响。<br>当乳糖和维生素 D 同时存在时，人体对钙和磷的吸收利用得了提高。</td><td></td></tr>
<tr><td>对比牛乳和酸乳中维生素和矿物质的含量。</td><td>

| 维生素（μg） | 牛乳 | | 酸乳 | | |
|---|---|---|---|---|---|
| | 全脂 | 脱脂 | 高脂 | 低脂 | 低脂/果汁 |
| 视黄醇 | 52 | 1 | 28 | 8 | 10 |
| 胡萝卜素 | 21 | Tr | 21 | 5 | 4 |
| 维生素 $B_1$ | 30 | 40 | 60 | 50 | 50 |
| 核黄素 | 170 | 170 | 270 | 250 | 210 |
| 维生素 $B_6$ | 60 | 60 | 100 | 90 | 80 |
| 维生素 $B_{12}$ | 0.4 | 0.4 | 0.2 | 0.2 | 0.2 |
| 维生素 C | 1 | 1 | 1 | 1 | 1 |
| 维生素 D | 0.03 | Tr | 0.04 | 0.01 | 0.01 |
| 维生素 E | 90 | Tr | 50 | 10 | 10 |
| 叶酸 | 6 | 5 | 18 | 17 | 16 |
| 尼克酸 | 100 | 100 | 200 | 100 | 100 |
| 泛酸 | 350 | 320 | 500 | 450 | 330 |
| 维生素 H | 1.9 | 1.9 | 2.6 | 2.9 | 2.3 |
| B 族维生素复合体之一 | 12.1 | 4.8 | | 0.6 | — |

注：Tr 表示微量。<br>牛乳和酸乳、全脂乳和脱脂乳中的维生素及矿物质含量也有差别，综合来看，高脂酸乳中的维生素含量较牛乳中的高。</td><td>PPT 演示及陈述讲解：启发引导，根据课程的知识点提出新的问题，引导学生课后主动思考。</td></tr>
<tr><td colspan="3">4. 小结</td></tr>
<tr><td>总结梳理本节课的知识脉络，完成思考题。</td><td>重点掌握：牛乳和酸乳的特点与成分差异、酸乳的营养特性。<br>思考题：根据营养特性讨论酸乳还有什么营养功能？</td><td>PPT 演示及陈述讲解。</td></tr>
</table>

## （五）板书设计

| **1. 牛乳和酸乳的特点**<br>**2. 酸乳的营养特性**<br>碳水化合物<br>蛋白质<br>脂肪<br>维生素和矿物质 |
|---|

## （六）参考文献

张兰威，蒋爱民，2016. 乳与乳制品工艺学［M］. 北京：中国农业出版社.
周光宏，2013. 畜产品加工学［M］. 北京：中国农业出版社.
蒋爱民，张兰威，2019. 畜产食品工艺学［M］. 北京：中国农业出版社.
姜铁民，贺小龙，高一依，等，2022. 不同酸奶脂肪营养价值的评价及其影响因素［J］. 中国食品添加剂，33（1）：154-163.
ASLAM H，MARX W，ROCKS T，et al，2015. The effects of dairy and dairy derivatives on the gut microbiota：a systematic literature review［J］. Gut Microbes，3：65-70.

## （七）预习任务与课后作业

1. 思考题：发酵酸乳与牛乳相比还有哪些区别？
2. 通过雨课堂预习下节课的内容，并观看相应视频。
3. 课堂上涉及的专业英语词汇及相关知识的最新前沿进展文献都将通过雨课堂的方式推送给学生。

## （八）要求掌握的英语词汇

- 酸乳　yogurt
- 蛋白质　protein
- 维生素　vitamin
- 矿物质　mineral matter
- 糖　carbohydrate

# 二、酸乳中的微生物

## （一）教学目标

### 1. 知识目标

◇学生能在不看课本的情况下阐述酸乳中的微生物种类、来源及生化反应。

2. 能力目标

◇ 训练学生“问题牵引”的思维方式。通过讨论不同发酵剂对酸乳的影响过程，结合产品特点，提高学生分析、解决问题和产品方案设计的能力。

3. 情感目标

◇ 通过对酸乳中微生物的学习，让学生深刻认识微生物对酸乳品质和安全的重要性，增加学生对乳品生产安全的敏感度，培养学生作为食品人需要具备的良好知识储备和专业素养。

## （二）教学内容分析

1. 教学内容

◇ 酸乳的风味

◇ 发酵剂的使用

◇ 酸乳中的微生物

2. 教学重点与难点

◇ 酸乳中微生物的来源与生长

处理方法：酸乳具有特殊的加工方式，需通过添加菌株来引发形态、风味品质及营养价值的变化，不同菌株对酸乳的生产作用有差别。但教材中关于此内容的介绍不够详细，因此通过学习文献最新进展，了解前沿动态，拓展学生的知识面。

## （三）教学思路

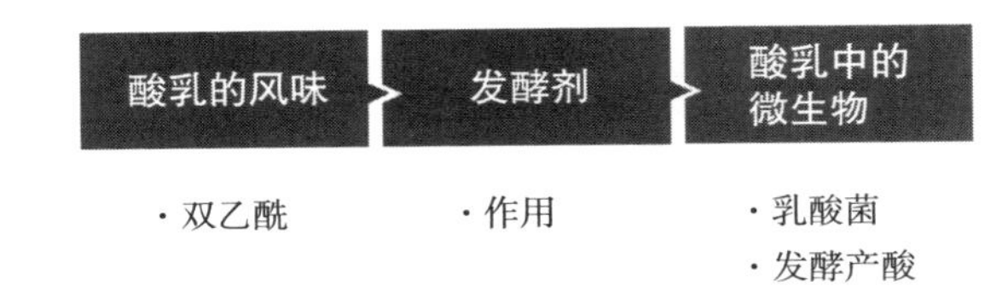


## （四）教学进程具体设计（45min）

| 教学意图 | 教学内容 | 教学环节设计 |
|---|---|---|
| 1. 引入 | | |
| 举例引入，调动学生的积极性。 | 酸乳的主要特点：质地黏稠、易吸收、营养丰富、味道较酸、具有独特风味。 | 提问：酸乳有哪些特点？ |

（续）

| 教学意图 | 教学内容 | 教学环节设计 |
| --- | --- | --- |
| | 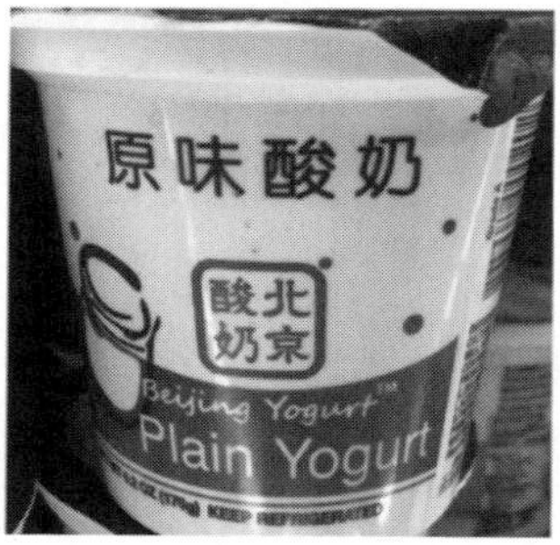 | |
| **2. 酸乳的风味** | | |
| 双乙酰是酸乳中的主要风味物质，陈述其合成途径。 | 双乙酰是酪乳和酸乳酒中的主要风味物质，通过丙酮酸途径合成，丙酮酸转化为双乙酰的过程涉及一种重要的酶——α-乙酰乳酸合成酶。 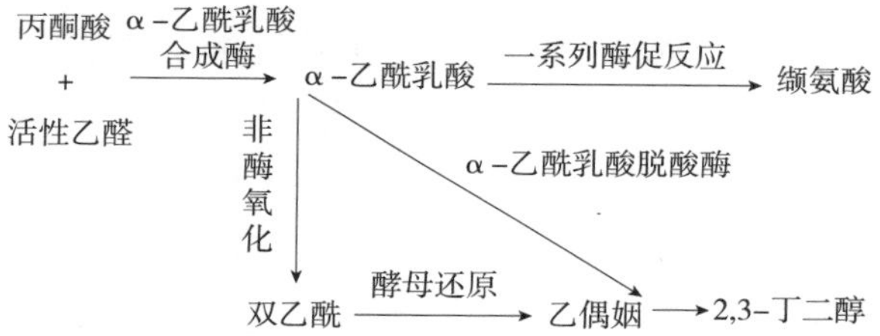<br>丙酮酸 + 活性乙醛 —(α-乙酰乳酸合成酶)→ α-乙酰乳酸 —(一系列酶促反应)→ 缬氨酸<br>α-乙酰乳酸 —(非酶氧化)→ 双乙酰 —(酵母还原)→ 乙偶姻 → 2,3-丁二醇<br>α-乙酰乳酸 —(α-乙酰乳酸脱酸酶)→ 乙偶姻 | PPT 演示及陈述讲解。 |
| **3. 发酵剂** | | |
| 讲述酸乳中微生物对增加酸乳黏度的作用。 | 发酵剂菌株分泌的多糖可以增加酸乳的黏度。 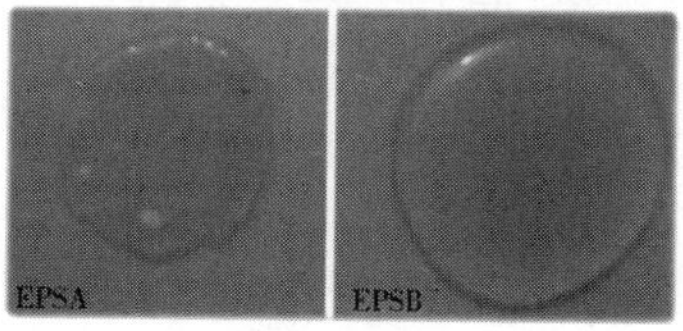 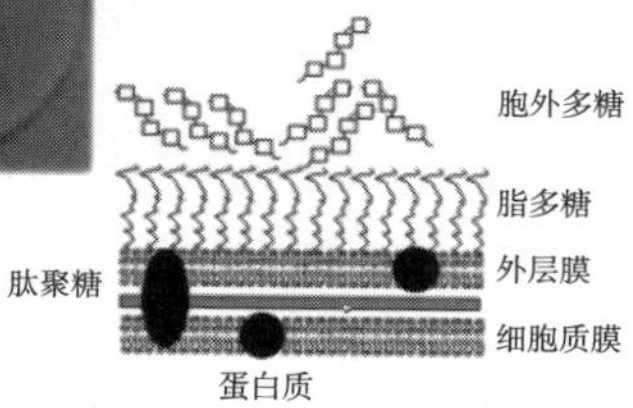<br>EPSA EPSB<br>胞外多糖 脂多糖 外层膜 细胞质膜 肽聚糖 蛋白质 | PPT 演示及陈述讲解。 |
| 讲解发酵剂的作用。 | 发酵剂的作用：<br>①分解乳糖产生乳酸，产生挥发性的丁二酮、乙醛等，使酸乳具有典型风味；具有一定的降解蛋白质、脂肪的作用，从而使酸乳更利于消化吸收。 | PPT 演示及陈述讲解。 |

（续）

| 教学意图 | 教学内容 | 教学环节设计 |
| --- | --- | --- |
|  | ②个别菌株能产生乳酸链球菌素等抗生素，防止杂菌生长。<br>③增强产酸能力、酸化能力、产香能力和黏性物质产生能力。<br> |  |
| **4. 酸乳中的微生物** |  |  |
| 讲解乳酸菌发酵时微生物的作用。 | 乳酸菌发酵中，乳糖被水解为葡萄糖和半乳糖，葡萄糖经过丙酮酸转化成乳酸，进入细胞内环境。<br> | PPT 演示及陈述讲解。 |
| 通过乳酸菌在牛乳中的生长，见其产酸能力的变化。 | 嗜热链球菌和保加利亚乳杆菌的产酸速率随着生长温度的升高而提高。<br> | PPT 演示及陈述讲解。 |

（续）

| 教学意图 | 教学内容 | 教学环节设计 |
| --- | --- | --- |
| 陈述乳酸菌。 | 发酵乳中的益生菌能合成某些抗菌素，提高人体的抗病能力，如乳酸链球菌能产生乳酸链球菌素，奶油链球菌能产生奶油链球菌素等。这些抗菌素能抑制和消灭多种病原菌，提高人体对疾病的抵抗力。<br>发酵乳中的乳酸菌可以激活巨噬细胞和自然杀伤细胞，这类细胞被激活后提高了机体对癌症的抵抗力和自身的免疫力。  | PPT 演示及陈述讲解。 |
| 讲述酸乳对“乳糖不耐受”的作用。 | 酸乳中的活性乳酸菌直接或间接地具有乳糖酶活性，一部分乳糖被水解成半乳糖和葡萄糖。因此，摄入酸乳可以减轻“乳糖不耐受”的症状。 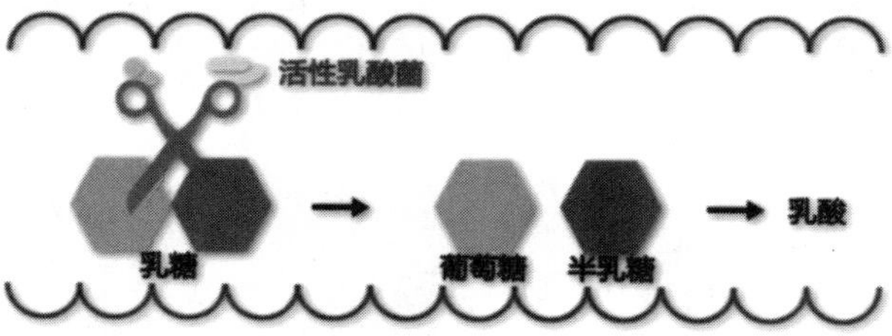 | PPT 动画演示及陈述讲解。 |
| 讲解保加利亚乳杆菌的特点。 | 细胞呈杆状，两端钝圆。能发酵的糖类种类较少，不能发酵蔗糖和麦芽糖，产酸能力强。 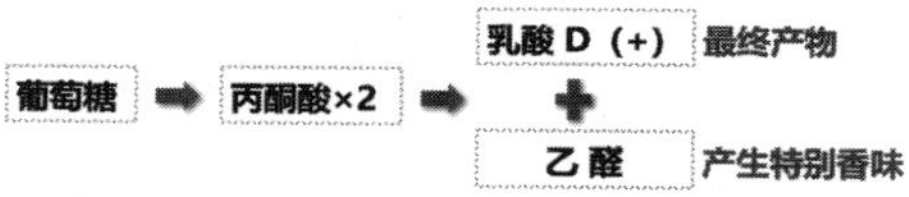 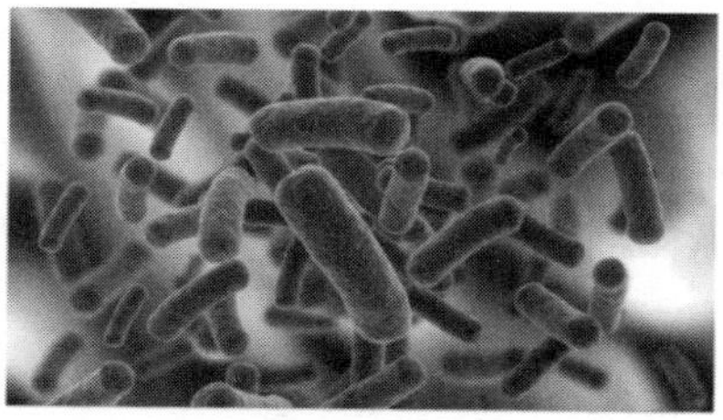 | PPT 演示及陈述讲解。 |

（续）

<table>
<tr><th>教学意图</th><th>教学内容</th><th>教学环节设计</th></tr>
<tr><td>讲解嗜热链球菌的特点。</td><td>细胞呈球形或卵形，一般成对或成链状生长，是牛乳中典型的微生物。对生长抑制物，特别是抗生素非常敏感。有的菌株在乳中可形成荚膜和黏性物质，对维持发酵乳硬度有重要作用。可生产细菌素，对烟曲霉、寄生曲霉和根霉等具有拮抗作用。</td><td>PPT 演示及陈述讲解。</td></tr>
<tr><td>对比嗜热链球菌和保加利亚乳杆菌的特点。</td><td><table>
<tr><th>项目</th><th>嗜热链球菌</th><th>保加利亚乳杆菌</th></tr>
<tr><td>最适生长温度（℃）</td><td>40</td><td>40～45</td></tr>
<tr><td>最高生长温度（℃）</td><td>50</td><td>52</td></tr>
<tr><td>水解蛋白的能力</td><td>弱</td><td>强</td></tr>
<tr><td>启动生长 pH</td><td>乳在正常pH下即启动</td><td>6.2～5.5</td></tr>
<tr><td>生活受酸抑制的 pH</td><td>4.2～4.4</td><td>3.5～3.8</td></tr>
<tr><td>产乙醛、丁二酮</td><td>+</td><td>+</td></tr>
<tr><td>产胞外多糖（EPS）</td><td>+</td><td>+</td></tr>
</table>
酸乳的发酵终点 pH 为 4.1～4.6，5h 内滴定酸度为 70 °T，通常采用菌株复配发酵。</td><td>PPT 演示及陈述讲解。</td></tr>
</table>

（续）

| 教学意图 | 教学内容 | 教学环节设计 |
| --- | --- | --- |
| 通过提问，让学生思考实际生产中混合菌种的作用。 | 使用混合菌种的目的：利用其共生作用，提高发酵剂的活力，缩短凝乳时间。<br>嗜热链球菌对低 pH 的耐受能力差，发酵后期可大量死亡。后期产酸主要靠保加利亚乳杆菌，但是其生长启动时的 pH 低，所占比例不能太高，否则后期产酸太强。 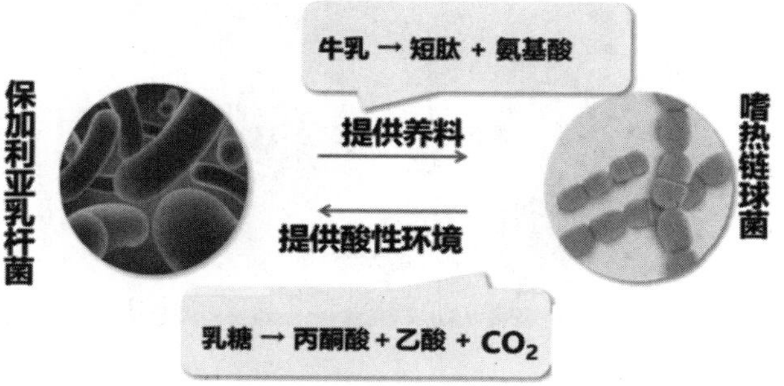<br>牛乳 → 短肽 + 氨基酸<br>保加利亚乳杆菌<br>提供养料 →<br>← 提供酸性环境<br>嗜热链球菌<br>乳糖 → 丙酮酸 + 乙酸 + $CO_2$ | PPT 演示及陈述讲解。<br>提问：发酵为什么使用混合菌种？ |
| 从内部因素和外部因素两方面，讲解影响菌种生长缓慢的因素。 | 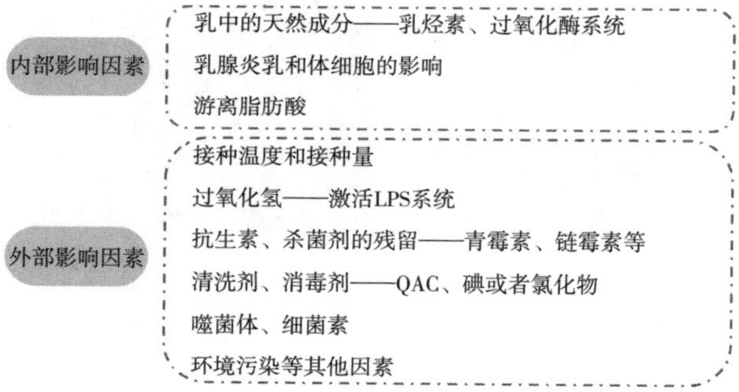 内部影响因素<br>乳中的天然成分——乳烃素、过氧化酶系统<br>乳腺炎乳和体细胞的影响<br>游离脂肪酸<br>外部影响因素<br>接种温度和接种量<br>过氧化氢——激活LPS系统<br>抗生素、杀菌剂的残留——青霉素、链霉素等<br>清洗剂、消毒剂——QAC、碘或者氯化物<br>噬菌体、细菌素<br>环境污染等其他因素<br>（1）内部影响因素　受乳中的天然成分、乳腺炎乳、体细胞、游离脂肪酸的影响。<br>（2）外部影响因素　受接种温度和接种量，过氧化氢，抗生素、杀菌剂残留，清洗剂、消毒剂，噬菌体和细菌素，环境污染等的影响。 | PPT 动画演示及陈述讲解。 |
| **5. 小结** | | |
| 总结梳理本节课的知识脉络。布置思考题，启发学生思考。 | 重点掌握：酸乳的风味、发酵剂的作用、乳中微生物的来源及影响其生长的因素。 | PPT 动画演示及陈述讲解。 |

## （五）板书设计

| **1. 酸乳独特的风味**<br>双乙酰<br>**2. 酸乳中常用发酵剂及其作用**<br>嗜热链球菌、保加利亚乳杆菌 |
| --- |

## （六）参考文献

崔欣，孙亚琳，王开云，等，2021. 嗜热链球菌和德氏乳杆菌保加利亚亚种共生关系的研究进展［J］. 食品研究与开发，42（6）：184-189.

蒋爱民，张兰威，2019. 畜产食品工艺学［M］. 北京：中国农业出版社.

张兰威，蒋爱民，2016. 乳与乳制品工艺学［M］. 北京：中国农业出版社.

周光宏，2013. 畜产品加工学［M］. 北京：中国农业出版社.

CLAUDIA I V，IRMA V W，VIVIANA B S，et al，2018. Effect of the carbohydrates composition on physicochemical parameters and metabolic activity of starter culture in yogurts［J］. Food Science and Technology，94：163-171.

## （七）预习任务与课后作业

1. 思考题：嗜热链球菌和保加利亚乳杆菌对酸乳有什么影响？

2. 通过雨课堂预习下节课的内容，并观看相应视频。

3. 课堂上涉及的专业英语词汇及相关知识的最新前沿进展文献都将通过雨课堂的方式推送给学生。

## （八）要求掌握的英语词汇

- 双乙酰 diacetyl
- 嗜热链球菌 *Stretpococcus thermophilus*
- 保加利亚乳杆菌 *Lactobacillus bulgaricus*
- 乳酸菌 lactic acid bacteria
- 发酵剂 leaven

# 三、酸乳的生产

## （一）教学目标

### 1. 知识目标

◇ 通过本节课的学习，学生能正确阐述酸乳的形成机理及凝固型酸乳和搅拌型酸乳的加工工艺。

2. 能力目标

◇在分析、讨论酸乳形成机理的基础上，引导学生如何通过原理寻找解决问题。在探索学习中，抓住生产的本质，培养学生解决实际问题的技能和独立思考的能力。

3. 情感目标

◇将酸乳生产作为核心内容，通过课堂互动方式调动学生主动学习的积极性，引导学生学会运用本课程中的工艺原理，为今后从事食品科研、产品开发、工业生产管理等打下理论基础。

## （二）教学内容分析

1. 教学内容

◇酸乳的定义及主要类型

◇酸乳的加工工艺流程

◇其他类型酸乳

2. 教学重点与难点

◇凝固型酸乳和搅拌型酸乳的加工工艺

处理方法：凝固型酸乳和搅拌型酸乳是市面上主要存在的酸乳类型，课本中关于二者的区别仅从工艺流程图上体现，并未阐述其形成原理及工艺不同为何造成产品种类的不同。课程通过分段设计，带领学生剖析关键加工工艺，总结工艺对酸乳品质造成的影响。

## （三）教学思路

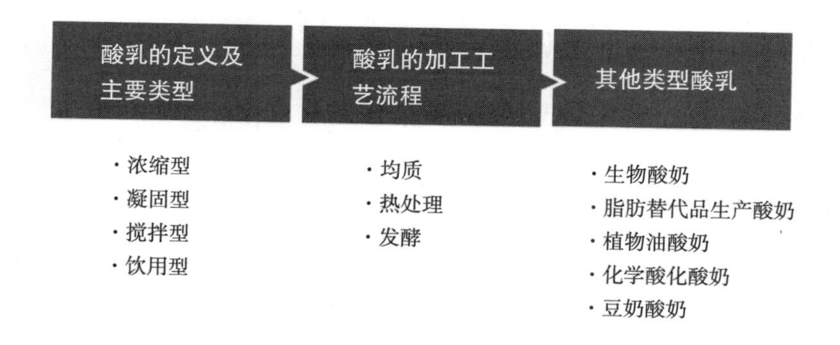

## （四）教学进程具体设计（45min）

<table>
<tr><th>教学意图</th><th>教学内容</th><th>教学环节设计</th></tr>
<tr><td colspan="3">1. 引入</td></tr>
<tr><td>从实际出发，带领学生学习酸乳的发明，激发学习兴趣。</td><td>讲述最早的酸乳是牧民在皮囊中发酵而成的，可以缓解肠胃不适，但由于味道太酸并没有大受欢迎。后来经过研究实践，如今出现了很多不同品种的酸乳。<br>纯乳 腹胀 发酵 起源 酸乳 SOUR</td><td>提问：酸乳有几种类型？</td></tr>
<tr><td colspan="3">2. 酸乳的定义及主要类型</td></tr>
<tr><td>讲解酸乳和风味酸乳的定义。</td><td>（1）酸乳　以生牛（羊）乳或乳粉为原料，经均质、杀菌、接种保加利亚乳杆菌和嗜热链球菌发酵制成的产品。<br>（2）风味酸乳　以80%以上生牛（羊）乳或乳粉为原料，添加其他原料制得。</td><td>PPT演示及陈述讲解。</td></tr>
<tr><td>讲解酸乳的四种常见类型。</td><td>市售商业酸乳：有自然发酵型（即原味型）、水果型及调配型。<br>种类：有浓缩型、凝固型、搅拌型、饮用型。<br>浓缩型　凝固型　搅拌型　饮用型</td><td>PPT演示及陈述讲解</td></tr>
</table>

（续）

| 教学意图 | 教学内容 | 教学环节设计 |
| --- | --- | --- |
| **3. 酸乳的加工工艺流程** | | |
| 讲解凝固型酸乳的加工工艺流程。 | 凝固型酸乳的加工工艺流程为：标准化、混料、脱气、均质、热处理、添加配料、灌装、接种、培养、冷却、贮存/分销。其中，均质的条件应控制在 20～25MPa、65～75℃，热处理为 95℃、5min，应于 43℃培养，4℃贮存。 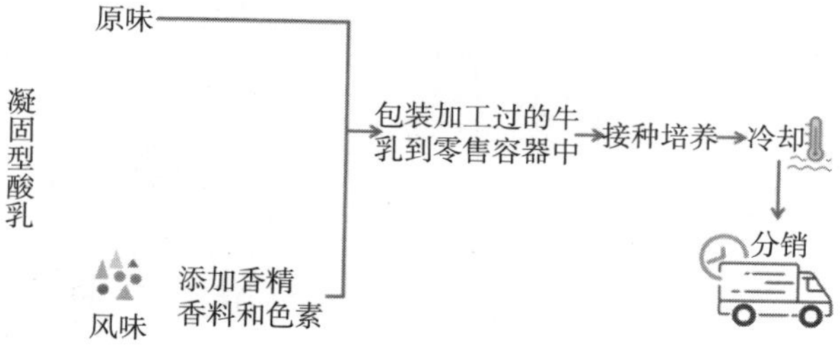<br>凝固型酸乳<br>原味<br>风味 添加香精香料和色素<br>包装加工过的牛乳到零售容器中→接种培养→冷却<br>↓<br>分销<br>凝固型酸乳<br>标准化<br>混料 ←乳蛋白<br>脱气<br>均质 20~25MPa，65~75℃<br>热处理 95℃，5min<br>添加配料<br>灌装<br>接种<br>培养 43℃<br>冷却 5~8℃，香味物质产生<br>贮存/分销 4℃ | PPT 演示及陈述讲解。 |
| 讲解搅拌型酸乳的加工工艺流程。 | 搅拌型酸乳的工艺流程为：标准化、混料、脱气、均质、热处理、接种、培养、搅拌、冷却、添加配料、灌装/冷藏。饮用型酸乳经培养后要经过均质、巴氏杀菌、冷却，最后无菌灌装。 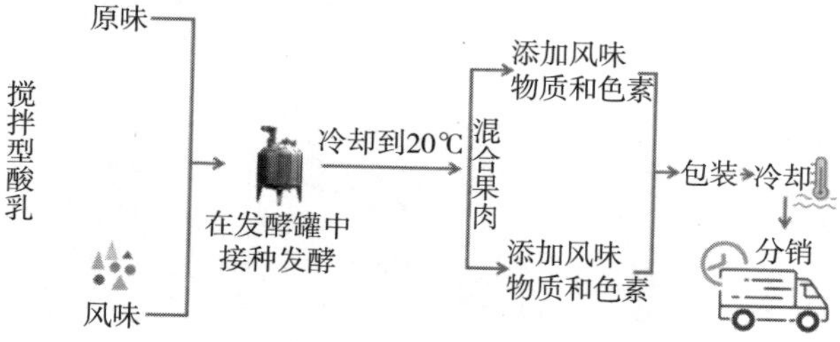<br>搅拌型酸乳<br>原味<br>风味<br>→在发酵罐中接种发酵<br>冷却到20℃→混合果肉<br>添加风味物质和色素<br>添加风味物质和色素<br>→包装→冷却<br>↓<br>分销 | PPT 演示及陈述讲解。 |

（续）

| 教学意图 | 教学内容 | 教学环节设计 |
| --- | --- | --- |
| 通过对比工艺流程图，得出产生差异的关键流程。 | 用工艺流程图对比凝固型酸乳和饮用型酸乳的不同加工工艺，凝固型酸乳先灌装再发酵，无搅拌高产 EPS 的菌株。<br>凝固型酸乳：标准化<br>混料<br>脱气<br>均质<br>热处理<br>接种<br>培养<br>搅拌<br>冷却　20~28℃<br>添加配料<br>灌装/冷藏　5~8℃<br>饮用型酸乳：<br>均质<br>巴氏杀菌　78℃，20s<br>冷却　20℃<br>无菌灌装 | PPT 演示及陈述讲解。 |
| **4. 酸乳加工的关键要点** | | |
| 通过自制酸乳的缺陷，引出加工过程对酸乳贮存的重要性。 | 自制酸乳的保质期往往较短，加工过程是影响酸乳贮存质量的重要因素，主要受到冷藏温度和加糖时间的影响。<br>自制酸乳<br>往往保持期较短<br>加工过程 —影响→ 酸乳的贮存质量 | PPT 演示及陈述讲解。 |
| 介绍均质搅拌型酸奶不同包装方法在货架期上的区别。 | 均质搅拌型酸乳：<br>①冷却包装，5℃时货架期为 2～3 周。<br>②巴氏杀菌（如低温）无菌包装，5℃时货架期为 1～2 月。<br>③经 UHT 处理，无菌包装，室温下货架期为几个月。<br>现代化工厂 | PPT 演示及陈述讲解。 |

（续）

| 教学意图 | 教学内容 | 教学环节设计 |
| --- | --- | --- |
| 巴氏杀菌酸乳中酪蛋白在不同速度下凝乳后可形成网络。 | 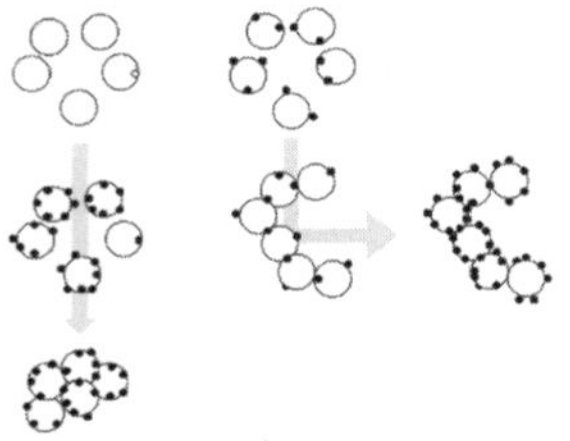 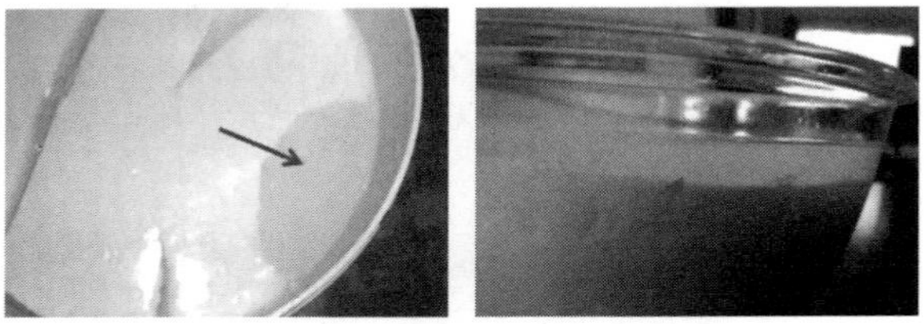 预防措施：<br>①将酸乳先冷却到 20℃再进行热处理。<br>②在装袋前对加热的酸乳进行均质。<br>③热灌。<br>④添加特殊稳定剂（如卡拉胶、黄原胶、瓜尔豆胶、琼脂等，但平均添加量<1%）。<br>⑤建议使用包括平板、管式和刮面热交换器，在无菌状态下包装加热过的酸乳。 | PPT 演示及陈述讲解。 |
| 讲解脱气对酸乳生产的作用。 | 酸乳生产过程中，物料中的气体含量越低越好。为增加非脂乳固形物的含量而添加乳粉时，混入一些空气是不可避免的，所以添加乳粉后应该脱气。脱气可以改善产品的稳定性和黏度、提高均质机的均质效率，以及降低热交换器的结垢淤塞。 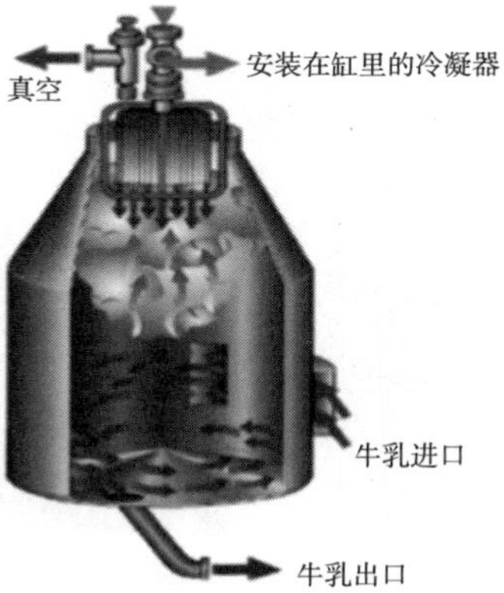<br> | PPT 演示及陈述讲解。 |

（续）

| 教学意图 | 教学内容 | 教学环节设计 |
|---|---|---|
| 讲解均质对酸乳的影响。 | 牛乳在加热过程中，乳脂肪会因温度的变化而发生膨胀，从而导致乳液黏度下降。这样就促进了牛乳中的脂肪上浮，聚集到牛乳上部的乳脂肪球膜蛋白发生了变性。失去了脂肪球膜的乳脂肪变得不稳定，从而容易凝结在一起。乳脂肪的凝结还会吸附牛乳中的酪蛋白、乳清蛋白，从而降低牛乳的表面张力，最后形成更稳定的皮膜，这就是看到的“奶皮”。<br>乳脂颗粒<br>均质化乳　　未均质化乳 | 提问：为什么以前的牛乳煮沸有厚厚的奶皮，而现在的盒装奶没有这种现象？ |
| 以动画的形式展示均质的作用。 | 乳通过窄缝时，湍流和气穴作用造成脂肪球破裂，粒径减少。<br>柱塞<br>阀座<br>均质后的产品<br>未均质的产品<br>流速200~300m/s<br>均质后的产品<br>间隙≈0.1mm | PPT 演示及陈述讲解。 |

（续）

| 教学意图 | 教学内容 | 教学环节设计 |
| --- | --- | --- |
| 对比热处理过程中酪蛋白形成凝胶网络的变化。 | 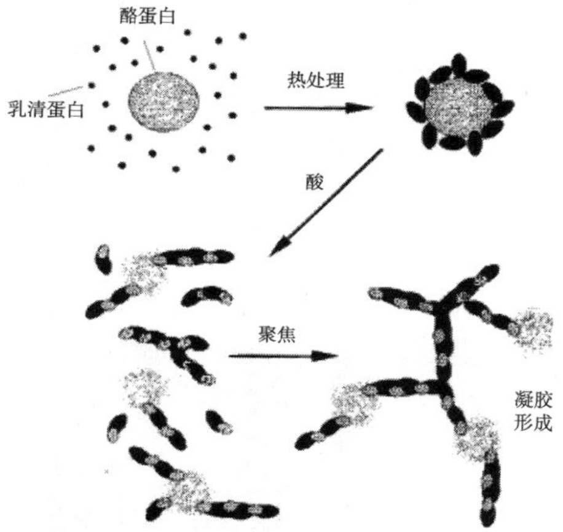 酪蛋白<br>乳清蛋白<br>热处理<br>酸<br>聚焦<br>凝胶形成<br>（1）通常采用90～95℃、5min。<br>（2）70%～80%的乳清蛋白发生了变性，与κ-酪蛋白相互作用，增强酪蛋白网络之间的结合强度。<br>（3）增加酪蛋白的体积分数，提高黏度。 | 提问：为什么实际生产过程中调整了巴氏杀菌的条件？ |
| **5. 其他类型酸乳** | | |
| 通过讲解其他类型酸乳，扩充学生的知识面。 |  东地中海Labneh 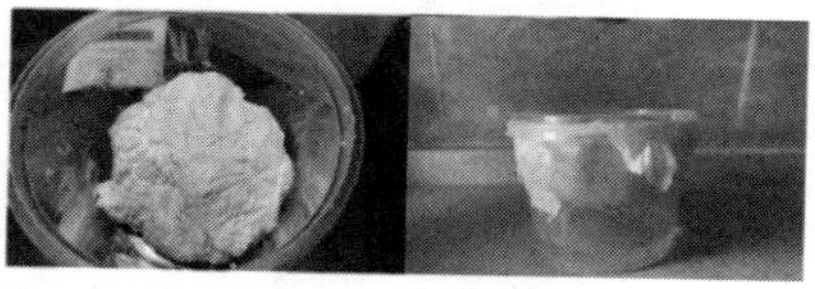<br>俄罗斯Syuzma 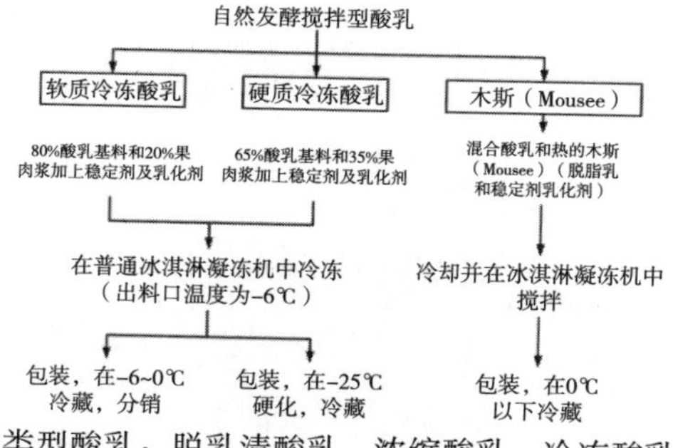<br>自然发酵搅拌型酸乳<br>软质冷冻酸乳：80%酸乳基料和20%果肉浆加上稳定剂及乳化剂<br>硬质冷冻酸乳：65%酸乳基料和35%果肉浆加上稳定剂及乳化剂<br>→ 在普通冰淇淋凝冻机中冷冻（出料口温度为-6℃）<br>→ 包装，在-6~0℃冷藏，分销 / 包装，在-25℃硬化，冷藏<br>木斯（Mousee）：混合酸乳和热的木斯（Mousee）（脱脂乳和稳定剂乳化剂）<br>→ 冷却并在冰淇淋凝冻机中搅拌<br>→ 包装，在0℃以下冷藏<br>其他类型酸乳：脱乳清酸乳、浓缩酸乳、冷冻酸乳、生物酸乳、脂肪替代品生产的酸乳、植物油酸乳、化学酸化酸乳和豆奶酸乳。 | PPT演示及陈述讲解。 |
| **6. 小结** | | |

（续）

| 教学意图 | 教学内容 | 教学环节设计 |
| --- | --- | --- |
| 总结梳理本节课的知识脉络，结合所学知识及课后查阅文献解决思考题。 | 酸乳的生产工艺流程、酸乳生产关键要点（脱气、均质）及作用、不同工艺对酸乳品质造成的影响、其他酸乳类型。<br>思考题：凝固型酸乳和搅拌型酸乳的区别是什么？ | PPT演示及陈述讲解。 |

## （五）板书设计

**1. 酸乳的定义及主要类型**

浓缩型、凝固型、搅拌型、饮用型

**2. 酸乳的加工工艺流程**

脱气、均质、热处理

## （六）参考文献

蒋爱民，张兰威，2019. 畜产食品工艺学［M］. 北京：中国农业出版社.

王伟佳，高晓夏月，刘爱国，等，2021. 不同热处理无乳糖酸奶与普通酸奶品质的比较［J］. 食品与发酵工业，47（5）：99-104.

张兰威，蒋爱民，2016. 乳与乳制品工艺学［M］. 北京：中国农业出版社.

周光宏，2013. 畜产品加工学［M］. 北京：中国农业出版社.

JØRGNSEN C E，ABRAHAMSEN R K，RUKKE E O，et al，2015. Improving the structure and rheology of high protein，low fat yoghurt with undernatured whey proteins［J］. International Dairy Journal，47（2）：6-18.

## （七）预习任务与课后作业

1. 思考题：浓缩型酸乳的生产除了添加乳蛋白外，还可以采用超滤的方法，其原理是什么？

2. 通过雨课堂预习下节课的内容，并观看相应视频。

3. 课堂上涉及的专业英语词汇及相关知识的最新前沿进展文献都将通过雨课堂的方式推送给学生。

## （八）要求掌握的英语词汇

- 浓缩 concentration
- 均质 homogenization

- 搅拌　agitation
- 凝固　coagulation
- 标准化　standardization
- 热处理　heat treatment
- 灌装　filling

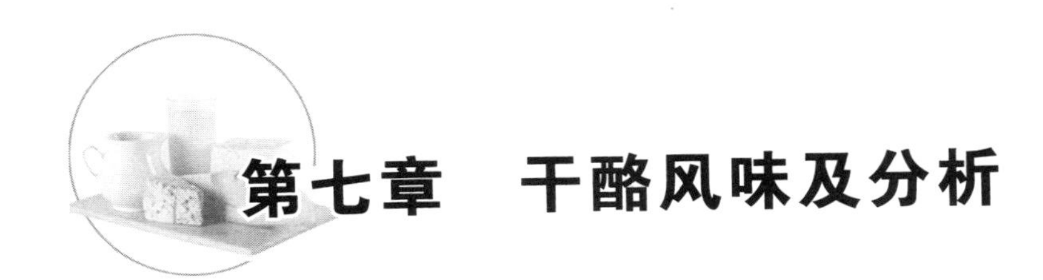

# 第七章 干酪风味及分析

## 一、教学目标

1. 知识目标

◇使学生能够在不看资料的情况下能正确阐释干酪的凝乳机理和干酪风味的形成。

2. 能力目标

◇从提高学生分析、解决问题的角度出发，结合干酪加工过程中凝乳的机理及对风味形成的评估，分析生产过程，提出设计方案，在主动探究科学原理的基础上，培养学生的思考能力和钻研精神。

3. 情感目标

◇通过对干酪风味形成机理内容的学习，使学生能用评判性眼光看待问题，逐步建立辩证唯物主义的世界观，促进学生个性的形成。从内在本质入手学习新知识，培养学生将科学研究与生产实际结合起来的思维习惯，学以致用。

◇通过对干酪风味的分析，引导学生归纳总结控制风味形成的关键工艺点，在此过程中树立起认真、细致、严谨的专业态度，进一步奠定专业知识基础。

## 二、教学内容分析

1. 教学内容

◇干酪的概念和种类

◇干酪的凝乳过程

◇干酪风味的形成和分析

◇干酪中的微生物和干酪的组成

2. 教学重点与难点

◇干酪的凝乳过程

**处理方法：**酪蛋白的凝乳机理在教材中并未直接体现，而是渗透在对其概念的描述中。由于该机理复杂且抽象，故学生不易从教材中提取有用信息。引导学生观察干酪的制作过程，并从乳成分的角度分析干酪的凝乳过程。同时配合图片展示凝乳过程中形成的乳复合胶体体系，以及酪蛋白网络的形成，帮助学生理解凝乳的本质。

◇ 干酪风味的形成和分析

**处理方法：**干酪的制作时间长，其中包含了大量的微生物和生化反应，受到很多因素的影响。因此，通过流程图的绘制，解释从鲜乳到干酪成熟过程中发生的变化，引导学生思考加工条件对风味形成可能造成的影响，并细分不同种类菌系和酶系影响的不同干酪风味，帮助学生打好坚实的基础。

## 三、教学思路

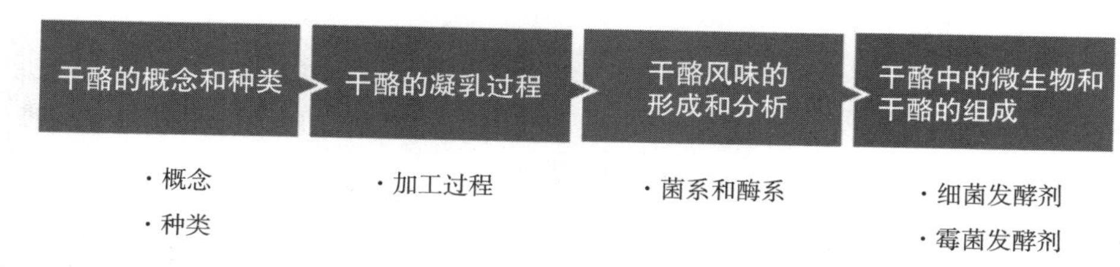


## 四、教学进程具体设计（45min）

| 教学意图 | 教学内容 | 教学环节设计 |
| --- | --- | --- |
| **1. 引入** | | |
| 从大家熟知的动画片引入来激发学生的学习兴趣。 | 《猫和老鼠》的动画片中，我们总能看到猫和老鼠在争抢干酪，可以看出它是很美味的食物，同时我们还会想到一本书——《谁动了我的奶酪》<br>那么，到底什么是干酪呢？ | 提问：提到干酪，你会想到什么？ |

（续）

<table>
<tr><th>教学意图</th><th>教学内容</th><th>教学环节设计</th></tr>
<tr><td colspan="3">2. 干酪的概念和种类</td></tr>
<tr><td>讲解干酪的概念和种类。</td><td>联合国粮农组织对干酪的定义：将牛乳、脱脂乳或部分脱脂乳，或以上乳的混合物凝结后排放出液体得到的新鲜或者成熟的产品。<br>
<table>
<tr><th>干酪类型</th><th>非脂乳类固体中的水分含量（%）</th><th>干物质中的脂肪含量（%）</th></tr>
<tr><td>特硬</td><td><51</td><td><60</td></tr>
<tr><td>硬质</td><td>49～55</td><td>40～60</td></tr>
<tr><td>半硬</td><td>53～63</td><td>25～50</td></tr>
<tr><td>半软</td><td>61～68</td><td>10～50</td></tr>
<tr><td>软质</td><td>>61</td><td>10～50</td></tr>
</table>
干酪可以分为特硬、硬质、半硬、半软和软质几种类型。</td><td>PPT 演示及陈述讲解。</td></tr>
<tr><td>讲述世界上干酪的主要种类。</td><td>世界上的干酪品种有 800 多种。</td><td>PPT 演示及陈述讲解。<br>提问：大家平时在生活中都见过哪些种类的干酪呢？</td></tr>
<tr><td colspan="3">3. 干酪的凝乳过程</td></tr>
<tr><td>通过对比不同种干酪的区别，引入其凝乳机理。</td><td>这么多品种的干酪，它们有什么区别呢？是怎样制作的呢？<br> 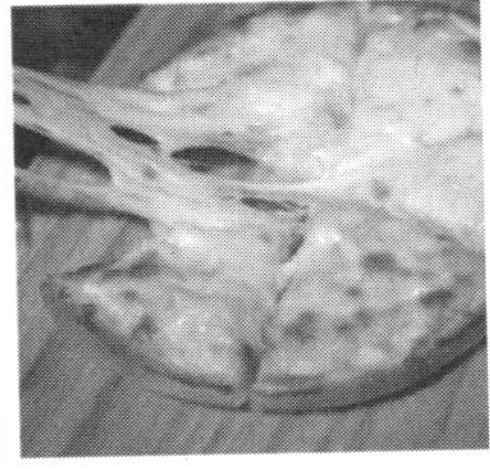</td><td>PPT 演示及陈述讲解。</td></tr>
</table>

（续）

| 教学意图 | 教学内容 | 教学环节设计 |
| --- | --- | --- |
| 配合动画讲述干酪的制作过程。 | 干酪的制作过程：从液态的牛乳，变成凝块（鸡蛋糕、豆腐脑似的状态），切割成 3～5cm 的小块，会有液体排出，如果继续搅拌、加热还会促进液体排出，使凝块紧致。 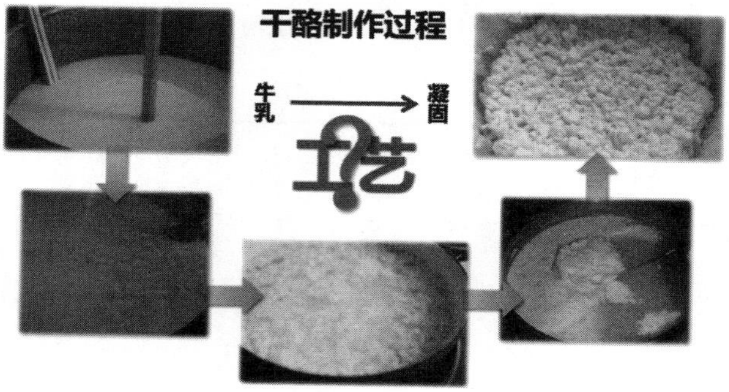 | 提问：加入了什么使牛乳从液态变为固态？ |
| 从乳成分的角度分析凝固的机理。 | 复习乳成分的存在状态。 | PPT 演示及陈述讲解。 |
| 从酪蛋白胶束的结构分析凝乳过程。 | 讲述酸凝和酶凝中酪蛋白胶束的变化。 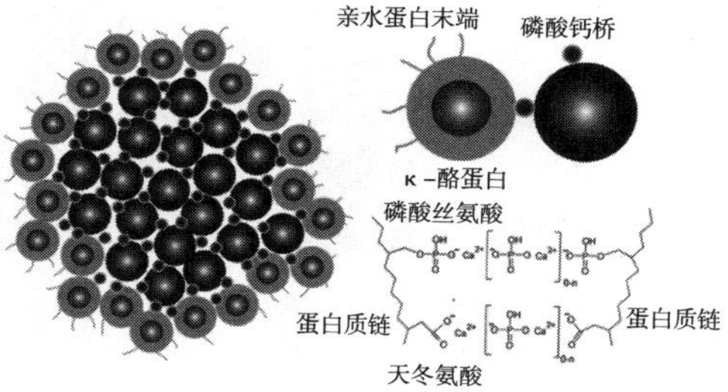 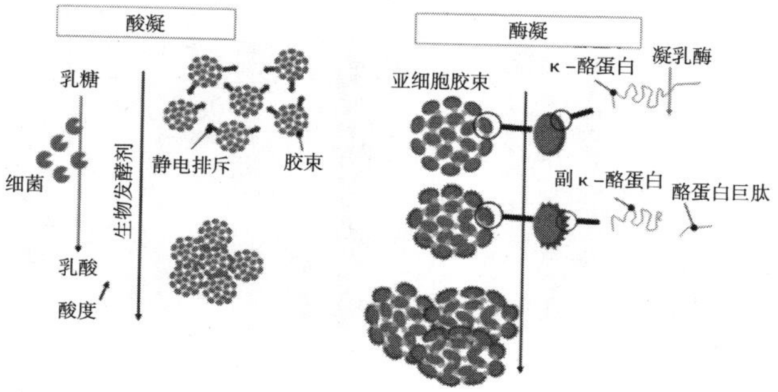 | PPT 演示及陈述讲解。 |

（续）

| 教学意图 | 教学内容 | 教学环节设计 |
| --- | --- | --- |
| 讲述干酪加工工艺的简要流程。 | 在干酪加工过程中，加入发酵剂和凝乳酶可使乳清分离排出，得到酪蛋白胶束凝结的固体并把脂肪包裹在凝胶网络当中。 | PPT 演示及陈述讲解。 |
| **4. 干酪风味的形成和分析** | | |
| 风味是干酪的重要特性。 | 老鼠是怎么发现干酪的？干酪的风味物质有哪些？是怎样形成的？ | PPT 演示及陈述讲解。 |
| 讲述干酪的几种风味类型。 | 干酪的风味包括水果味、烘烤味、刺激味、咸味、酸味、苦味、甜味、涩味、氨味、饲料味、奶油味。 | PPT 演示及陈述讲解。 |

（续）

| 教学意图 | 教学内容 | 教学环节设计 |
| --- | --- | --- |
| 干酪从原料到成熟过程中的变化。 | 干酪在加工过程中的变化体现在风味（游离氨基酸、挥发性物质、乳酸）和质地（凝乳形成、化学成分改变）两个方面。 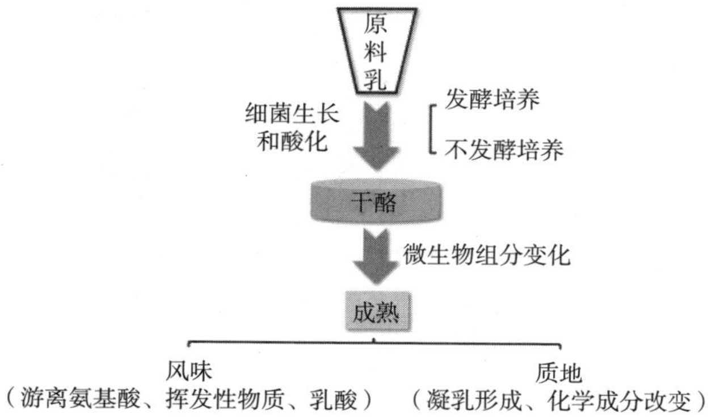<br>原料乳<br>细菌生长和酸化<br>发酵培养<br>不发酵培养<br>干酪<br>微生物组分变化<br>成熟<br>风味（游离氨基酸、挥发性物质、乳酸）<br>质地（凝乳形成、化学成分改变） | PPT 演示及陈述讲解。 |
| 讲述干酪风味的形成。 | 不同的干酪风味是由不同菌系和酶系产生的，复合菌株发酵剂可产生丰富、强烈风味的干酪。干酪成熟的酶体系有：蛋白酶作用于蛋白质产生肽类等，肽酶作用于肽释放氨基酸、氧化酶作用于脂肪酸产生氨基酸、氨基酸酶作用于脂肪酸产生氨基酸，脱羧酶作用于氨基酸产生胺类等，转氨酶作用于氨基酸产生酮酸、脱氨酶作用于氨基酸产生酮酸，转氨酶作用于酮酸产生乙醛等。 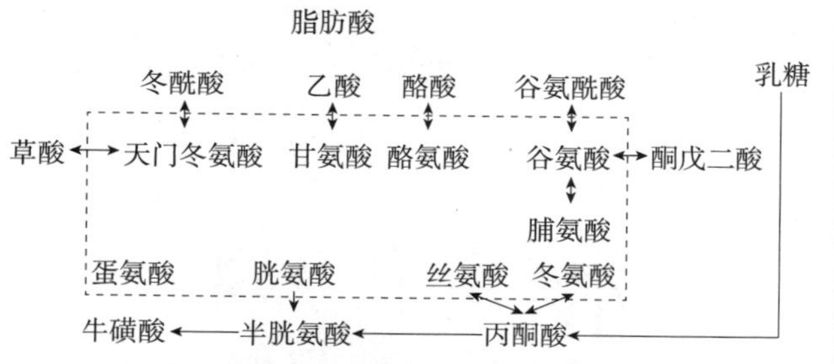<br>脂肪酸<br>冬酰酸 乙酸 酪酸 谷氨酰酸 乳糖<br>草酸 天门冬氨酸 甘氨酸 酪氨酸 谷氨酸 酮戊二酸<br>脯氨酸<br>蛋氨酸 胱氨酸 丝氨酸 冬氨酸<br>牛磺酸 半胱氨酸 丙酮酸<br>干酪成熟过程中游离氨基酸的形成示意图 | PPT 演示及陈述讲解。 |
| 讲述干酪的感官评价及外表特征。 | 气体在干酪内部聚集，慢慢形成均匀分布、有规则的孔眼。 | 提问：干酪中的孔眼是如何形成的？ |

（续）

| 教学意图 | 教学内容 | 教学环节设计 |
|---|---|---|
| | 丙酸、醋酸、$CO_2$<br>乳糖 ——→ 乳酸盐 | |
| **5. 干酪中的微生物和干酪的组成** | | |
| 讲述干酪加工的不同阶段主要的微生物。 | 分别从收集鲜乳、凝结及半熟、加盐及塑型、成熟四个阶段进行阐述。<br>收集鲜乳 → 凝结及半熟 → 加盐及塑型 → 成熟 | PPT 演示及陈述讲解。 |
| 讲解干酪发酵剂中的微生物 | 在干酪的制作过程中，使牛乳发酵产酸或使干酪成熟的特定微生物培养物称为干酪发酵剂，主要分为细菌发酵剂和霉菌发酵剂。<br>（1）发酵剂微生物<br>①细菌发酵剂。主要是以产酸和产生相应风味物质的乳酸菌为主，有时还要使用丙酸菌。<br>②霉菌发酵剂。一般用于一些特殊品种干酪的生产。 | PPT 演示及陈述讲解。 |

（续）

| 教学意图 | 教学内容 | 教学环节设计 |
| --- | --- | --- |
| | | |
| 讲述干酪发酵剂中使用的丙酸菌发酵途径。 | 甘油 NAD+ NADH 1，3-二羟基丙酮 ATP ADP 磷酸二羟丙酮 ADP ATP NAD+ NADH 3-磷酸甘油 磷酸烯醇丙酮酸 ADP ATP 丙酮酸 乳酸 乳酸脱氢酶 NAD+ NADH 丙酮酸氧化酶 乙酰辅酶A ADP ATP 醋酸 $CO_2$ PEP羧化酶 $CO_2$ NAD+ NADH 草酰乙酸 NADH NAD+ 柠檬酸盐 苹果酸 ATP ADP NADH NAD+ 琥珀酸 NAD+ NADH 琥珀酰辅酶A 甲基丙二酰辅酶A $CO_2$ 丙酰辅酶A 丙酸<br>丙酸菌发酵途径（代谢途径有两个循环，其中一个循环是产生丙酸，另一个循环是产生醋酸）。<br>皱胃酶的等电点为 4.45～4.65，作用的最适 pH 为 4.8 左右，凝固的最适温度为 40～41℃。制作干酪时的凝固温度通常为 30～35℃，时间为 20～40min。<br>皱胃酶的代用凝乳酶分别有：①动物性凝乳酶，即胃蛋白酶；②植物性蛋白酶，即无花果、木瓜、菠萝；③微生物来源的凝乳酶，即霉菌性凝乳酶；④利用遗传工程技术生产的皱胃酶，即利用遗传工程技术，将控制犊牛皱胃酶合成的 DNA 分离出来，导入微生物细胞内，利用微生物来合成皱胃酶。 | PPT 演示及陈述讲解。 |
| 讲解非发酵剂微生物。 | 干酪中的乳糖 乳酸菌 乳酸 干酪中的乳糖 酵母菌 酒精&$CO_2$<br>（2）非发酵剂微生物　非发酵剂微生物是指不作为发酵剂人工添加，而是自然存在的微生物，对干酪发酵成熟的作用比较细微或者没有作用，如乳酸菌、酵母菌。 | PPT 演示及陈述讲解。 |

（续）

<table>
<tr><th>教学意图</th><th>教学内容</th><th>教学环节设计</th></tr>
<tr><td>讲述干酪的组成分析。</td><td>干酪中含有丰富的蛋白质、脂肪等有机成分，钙、磷等无机盐类，以及多种维生素、微量元素。<br>牛乳成分向干酪成分的传递（%）
<table>
<tr><th>项目</th><th>脂肪</th><th>蛋白质</th><th>碳水化合物</th><th>灰分</th><th>固形物</th></tr>
<tr><td>牛乳组成</td><td>3.3</td><td>3.2</td><td>5.0</td><td>0.73</td><td>12.4</td></tr>
<tr><td>干酪组成</td><td>31</td><td>25</td><td>1.7</td><td>2.2</td><td>60</td></tr>
<tr><td>乳清组成</td><td>0.22</td><td>0.61</td><td>5.3</td><td>0.58</td><td>7.0</td></tr>
<tr><td>传递百分比</td><td>93</td><td>78</td><td>3</td><td>30</td><td>49</td></tr>
</table>
注：数据假设的干酪水分为40%，干物质的脂肪含量为50%。</td><td>PPT演示及陈述讲解。</td></tr>
<tr><td colspan="3">6. 小结</td></tr>
<tr><td>总结梳理本节课内容，布置课后思考题。</td><td>重点掌握：干酪的概念和种类、干酪的凝乳机理、干酪风味的形成分析及干酪中的微生物组成。<br>思考题：微生物如何影响干酪的品质？</td><td>PPT 演示及陈述讲解。</td></tr>
</table>

# 五、板书设计

**1. 干酪的凝乳过程**

酸凝、酶凝

↓

**2. 干酪风味的形成和分析**

菌系、酶系

# 六、参考文献

蒋爱民，张兰威，2019. 畜产食品工艺学［M］. 北京：中国农业出版社.

张兰威，蒋爱民，2016. 乳与乳制品工艺学［M］. 北京：中国农业出版社.

周光宏，2013. 畜产品加工学［M］. 北京：中国农业出版社.
朱莹丹，萨如拉，田文静，等，2016. 乳酸菌在干酪生产中的应用［J］. 中国食品学报，16（8）：195-204.
FOX P F，Mc SWEENEY P L，COGAN T M，2004. Cheese：chemistry，physics and microbiology［M］. Elsevier：123-149.

## 七、预习任务与课后作业

1. 思考题：加快干酪成熟的方法有哪些？

2. 通过雨课堂预习下节课的内容，并观看相应视频。

3. 课堂上涉及的专业英语词汇及相关知识的最新前沿进展文献都将通过雨课堂的方式推送给学生。

## 八、要求掌握的英语词汇

- 干酪　cheese
- 凝乳酶　chymosin
- 压榨　press
- 乳清　whey
- 皱胃酶　rennin
- 磷酸钙桥　calcium phosphate bridge
- 切达干酪　Cheddar cheese

# 第八章　奶油加工

## 一、教学目标

**1. 知识目标**

◇学生能在不看资料的情况下阐述稀奶油的概念，引导其归纳奶油的特性和质量控制要点，便于知识点的系统记忆。

**2. 能力目标**

◇学生能在学习奶油生产的基础上，具备乳品生产方案设计和综合调控能力。在探索奶油生产要点的过程中，培养学生的独立思考能力和实际应变能力，具备解决实际生产问题的能力。

**3. 情感目标**

◇通过对实际生产操作的学习，培养学生科学严谨的学习态度。

◇通过对多种奶油产品及新型产品应用的介绍，增强学生对专业内容的兴趣，提高科学探索的积极性，从而培养学生的创新精神。

## 二、教学内容分析

**1. 教学内容**

◇稀奶油的定义、种类、组成及其生产

◇奶油的概述、组成、生产及产品特性和质量控制

◇无水奶油的概述、浓缩生产工艺

◇重制奶油及新型涂抹产品介绍

**2. 教学重点与难点**

◇稀奶油生产

**处理方法：**依靠工艺流程图介绍稀奶油的生产工艺不直观，学生不易从抽象的内容中提取有效信息。因此，在教学过程中，加大应用力度，对要点内容进行剖析，且呈现生产设备的图片以作流程解析，使学生能更贴切地理解。

◇奶油生产、产品特性及质量控制

**处理方法：** 对奶油生产工艺的介绍拟采用工艺流程图展示，以质量控制的关键为重点，将奶油生产分为 4 个模块，通过对每一部分进行原理剖析，引导学生提炼核心内容。

## 三、教学思路

稀奶油的生产工艺 → 奶油的质量控制 → 无水奶油的浓缩和精制 → 重制奶油及新型涂抹产品

- 稀奶油的生产工艺
  - 定义
  - 种类和组成
  - 操作要点
- 奶油的质量控制
  - 街道工艺
  - 产品特性
- 无水奶油的浓缩和精制
  - 浓缩工艺
  - 精制技术
- 重制奶油及新型涂抹产品
  - 概述
  - 拉特和拉贡
  - 布里高特

## 四、教学进程具体设计（45min）

| 教学意图 | 教学内容 | 教学环节设计 |
|---|---|---|
| **1. 引入** | | |
| 从生活出发，吸引学生的兴趣，提高学生学习的积极性。 | 奶油是生活中常见的乳制品之一，受到广泛的欢迎，特别是无粗糙感、入口即化的微甜产品更是深受消费者的喜爱。 | 提问：在日常生活中，大家经常选购的是哪类乳制品？会选购奶油产品吗？ |
| **2. 稀奶油的定义、种类、组成及其生产** | | |
| 通过概述稀奶油的来源，阐述其乳状液的结构，以此阐明稀奶油的定义。 | 稀奶油是牛乳的脂肪组成部分，是将脱脂乳从牛乳中分离出来而得到的水包油型乳状液。 | PPT 演示及陈述讲解。 |

（续）

<table>
<tr><th>教学意图</th><th>教学内容</th><th>教学环节设计</th></tr>
<tr><td></td><td></td><td></td></tr>
<tr><td>讲述稀奶油的分类及组成。</td><td>

**稀奶油的分类**

<table>
<tr><th>类别名称</th><th>脂肪含量（%）</th><th>类别名称</th><th>脂肪含量（%）</th></tr>
<tr><td>稀奶油</td><td>18～26</td><td>发泡稀奶油</td><td>＞28</td></tr>
<tr><td>轻脂稀奶油</td><td>＞10</td><td>重脂稀奶油</td><td>＞35</td></tr>
<tr><td>半脂稀奶油</td><td>⩾10</td><td>二次分离稀奶油</td><td>＞45</td></tr>
<tr><td>咖啡稀奶油</td><td>⩾10</td><td>酸性稀奶油</td><td>10～40</td></tr>
<tr><td>低脂稀奶油</td><td>12～18</td><td>甜稀奶油</td><td>28</td></tr>
<tr><td>一次分离稀奶油</td><td>18～35</td><td>蛋糕稀奶油</td><td>36</td></tr>
</table>

**脂肪含量为30%的稀奶油的大致组成**

<table>
<tr><th>组成成分</th><th>含量（%）</th><th>组成成分</th><th>含量（%）</th></tr>
<tr><td>脂肪</td><td>约30</td><td>乳糖</td><td>3.4</td></tr>
<tr><td>水</td><td>约64</td><td>矿物质</td><td>0.3</td></tr>
<tr><td>非脂乳固体蛋白质</td><td>2.3</td><td>其他物质，如维生素、酶类、微量元素、有机酸等</td><td>微量</td></tr>
</table>

</td><td>PPT演示及陈述讲解。</td></tr>
<tr><td>概述稀奶油的生产工艺。</td><td>稀奶油的分离依据：脂肪球（≈0.9g/mL）与水相（≈1g/mL）之间的密度差。</td><td>PPT动画展示及陈述讲解。</td></tr>
</table>

（续）

| 教学意图 | 教学内容 | 教学环节设计 |
| --- | --- | --- |
|  | 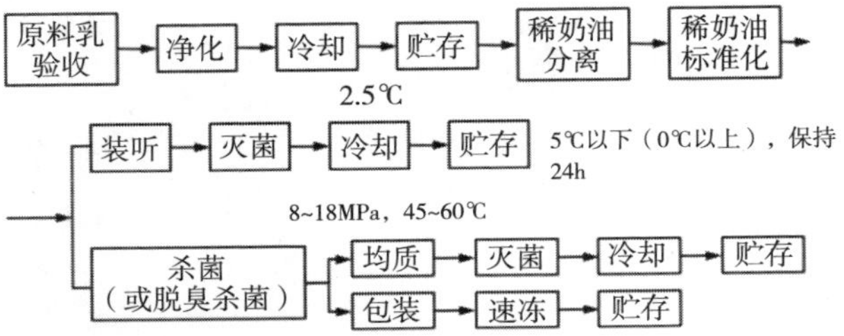 原料乳验收 → 净化 → 冷却 → 贮存 → 稀奶油分离 → 稀奶油标准化 →<br>2.5℃<br>→ 装听 → 灭菌 → 冷却 → 贮存　5℃以下（0℃以上），保持24h<br>8~18MPa，45~60℃<br>→ 杀菌（或脱臭杀菌）→ 均质 → 灭菌 → 冷却 → 贮存<br>杀菌（或脱臭杀菌）→ 包装 → 速冻 → 贮存 |  |
| 讲述稀奶油的分离。 | 静置法："重力法"，此法分离需要的时间长，且乳脂肪分离不彻底，所以不能用于工业化生产。<br>离心法：采用牛乳分离机将稀奶油与脱脂乳迅速而较彻底地分开，是现代化生产普遍采用的方法。<br>影响稀奶油分离效率的因素有：分离机的转速、乳的温度（32～35℃）、乳中的杂质含量、乳的流量。  | PPT 演示及陈述讲解。 |
| 讲述稀奶油的杀菌方式、温度及时间。 | 稀奶油杀菌使用间歇式杀菌法，杀菌温度、保持时间如下：72℃，15min；77℃，5min；82～85℃，30s；116℃，3～5s。   | PPT 演示及陈述讲解。 |
| 剖析稀奶油的生产要点。 | ①脂肪标准化。按照产品标准要求，调整稀奶油中的脂肪含量。<br>②均质。能使产品形成一定的质地和黏度。<br>③热处理。均质后的稀奶油要在75～90℃下热处理5～10min。<br>④冷却。将热处理后的稀奶油冷却至22～32℃，该温度的选择取决于发酵过程。 | PPT 演示及陈述讲解。 |

（续）

| 教学意图 | 教学内容 | 教学环节设计 |
| --- | --- | --- |
| | ⑤接种。添加1%～2%的生产发酵剂。<br>⑥发酵。发酵温度的选择取决于所采用的凝乳方法。<br>⑦灌装。<br>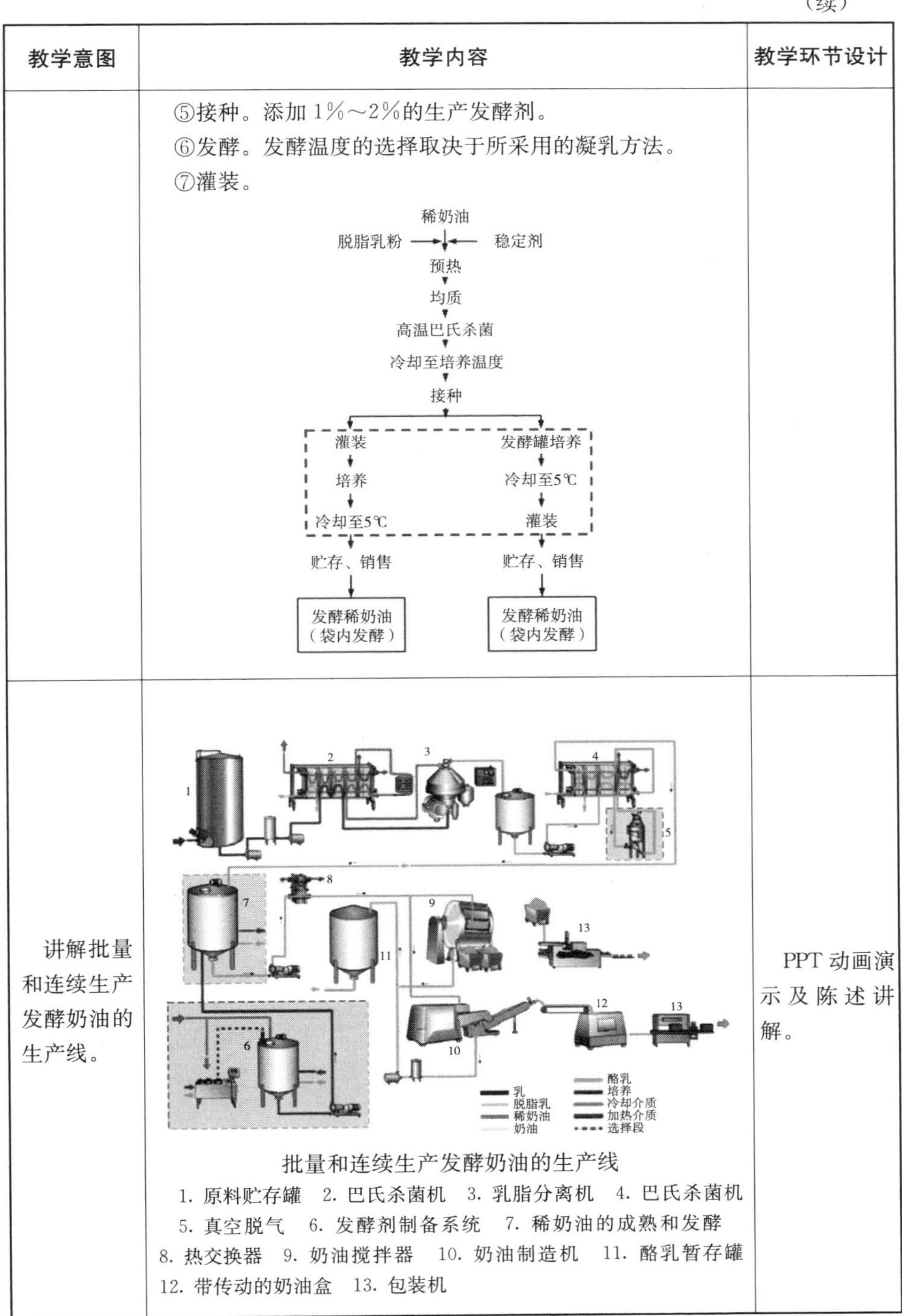<br> | |
| 讲解批量和连续生产发酵奶油的生产线。 | 批量和连续生产发酵奶油的生产线<br>1. 原料贮存罐 2. 巴氏杀菌机 3. 乳脂分离机 4. 巴氏杀菌机 5. 真空脱气 6. 发酵剂制备系统 7. 稀奶油的成熟和发酵 8. 热交换器 9. 奶油搅拌器 10. 奶油制造机 11. 酪乳暂存罐 12. 带传动的奶油盒 13. 包装机 | PPT动画演示及陈述讲解。 |

（续）

| 教学意图 | 教学内容 | 教学环节设计 |
|---|---|---|
| **3. 奶油的概述、种类、组成及其生产** | | |
| 讲解奶油的基本概念和分类方法。 | 以乳和（或）稀奶油（经发酵或不发酵）为原料，添加或不添加其他原料、食品添加剂、营养强化剂，经加工制成的脂肪含量不小于80.0%的产品。<br>·根据制造方法分类：甜性奶油、酸性奶油、重制奶油、脱水奶油、连续式机制奶油。<br>·根据pH分类：发酵奶油（pH≤5.6）、甜奶油（pH≥6.4）、中等酸化奶油（pH为5.2～6.3）。<br>·根据脂肪含量分类：一般奶油、无水奶油（黄油）、人造奶油。<br>·根据盐含量分类：无盐奶油、加盐奶油和特殊加盐奶油（添加0.2%～2%的盐可使甜奶油获得更好的风味）。 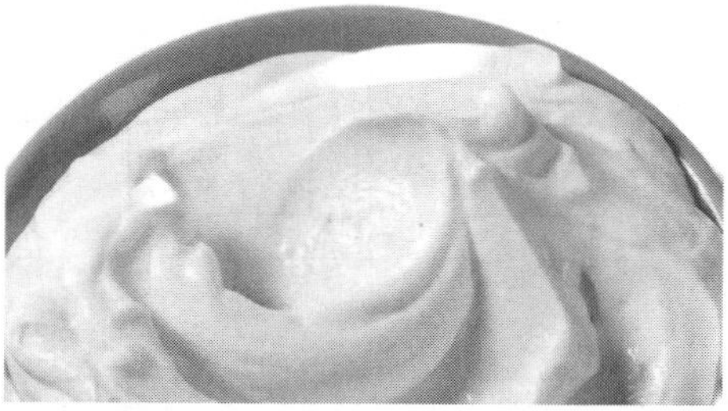 | PPT动画演示及陈述讲解。 |
| 讲述奶油的组成及组织状态。 | （1）组成<br>·脂肪（≥80%）。<br>·水分（15.6%～17.6%）。<br>·盐（约1.2%）。<br>·蛋白质、钙和磷（约1.2%）。<br>·维生素A、维生素D和维生素E。<br>（2）组织状态　颜色均一，稠密而味道纯正，水分分散成细滴，外观干燥，硬度均一，入口即化。 | PPT演示及陈述讲解。 |
| 讲解奶油的生产工艺。 | 奶油生产中，牛乳中的脂肪被分离，形成不稳定的水包油型乳状液，分离酪乳后压炼制成成品。<br>讲述奶油生产过程中脂肪的微观结构变化。 | PPT动画演示及陈述讲解。 |

（续）

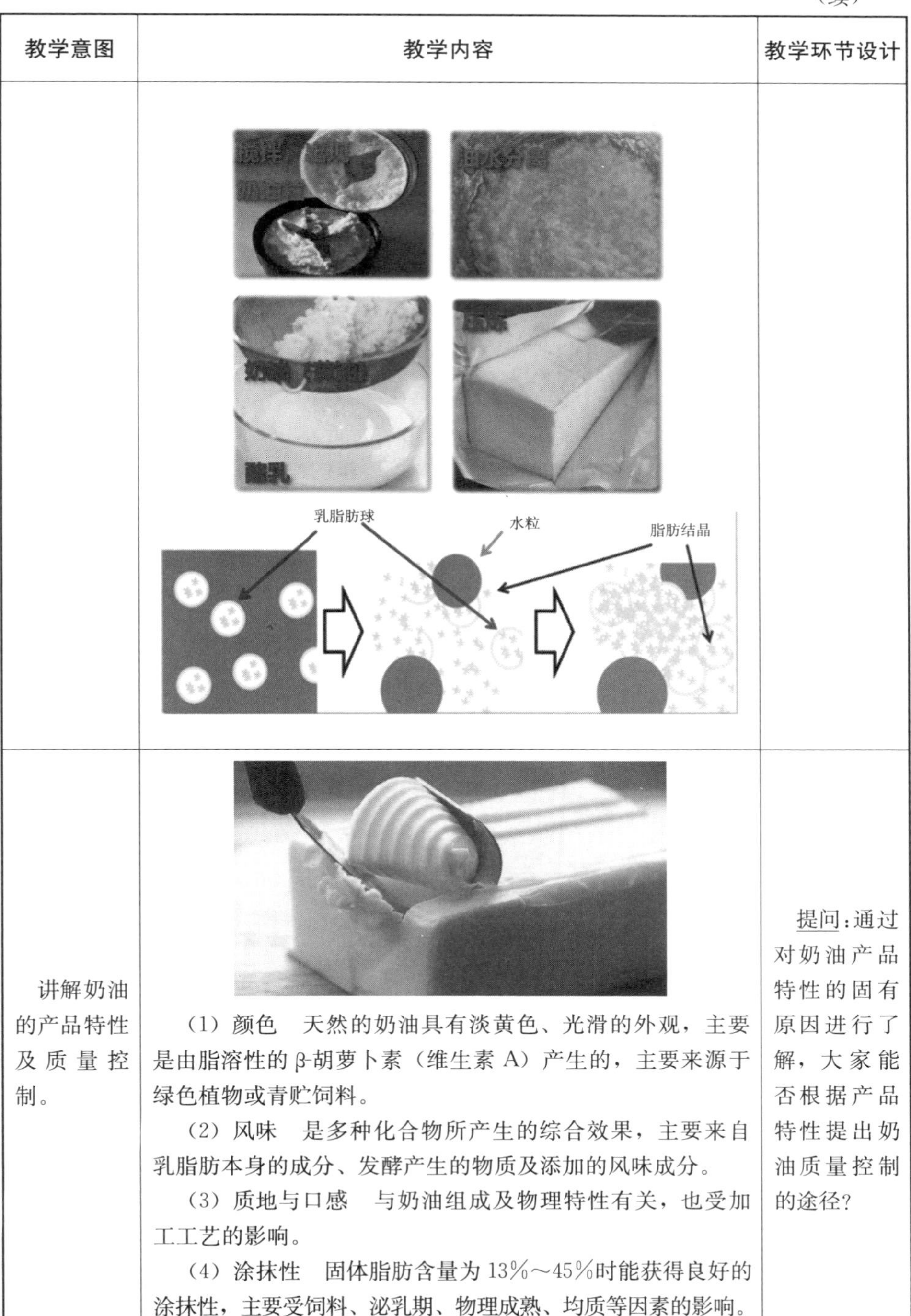


| 教学意图 | 教学内容 | 教学环节设计 |
| --- | --- | --- |
| | | |
| 讲解奶油的产品特性及质量控制。 | （1）颜色　天然的奶油具有淡黄色、光滑的外观，主要是由脂溶性的β-胡萝卜素（维生素A）产生的，主要来源于绿色植物或青贮饲料。<br>（2）风味　是多种化合物所产生的综合效果，主要来自乳脂肪本身的成分、发酵产生的物质及添加的风味成分。<br>（3）质地与口感　与奶油组成及物理特性有关，也受加工工艺的影响。<br>（4）涂抹性　固体脂肪含量为13%～45%时能获得良好的涂抹性，主要受饲料、泌乳期、物理成熟、均质等因素的影响。 | 提问：通过对奶油产品特性的固有原因进行了解，大家能否根据产品特性提出奶油质量控制的途径？ |

（续）

| 教学意图 | 教学内容 | 教学环节设计 |
|---|---|---|
| | 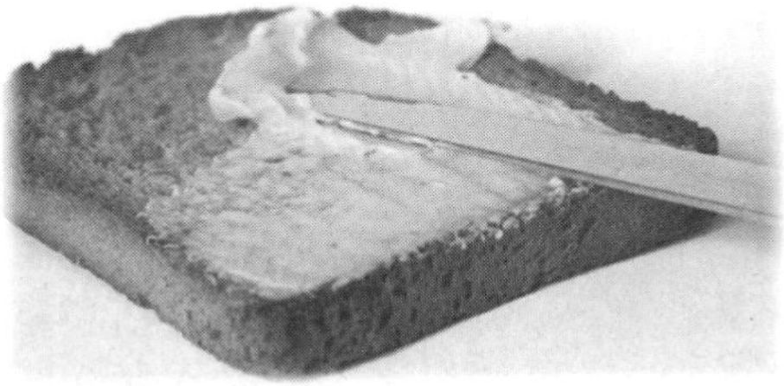 | |
| **4. 无水奶油的浓缩和精制** | | |
| 无水奶油的简介。 | 无水奶油（anhydrous milk fat，AMF）也称无水乳脂，是浓缩的乳脂产品，其成分几乎完全是乳脂肪。根据国际标准，无水乳脂产品分为三类：无水乳脂肪、无水奶油脂肪、奶油脂肪。<br>**无水乳脂肪**：乳脂肪最低含量为99.8%，水分含量不超过0.1%。且必须由新鲜稀奶油或奶油制成，不允许含有任何添加剂，包括用于中和游离脂肪酸所用的中和剂。<br>**无水奶油脂肪**：乳脂肪最低含量为99.8%，可以由不同贮存期的奶油或稀奶油制成，允许用碱性物质中和游离脂肪酸。<br>**奶油脂肪**：必须含有 99.3 %的乳脂肪，水分含量不超过0.5%，原料和加工要求与无水乳脂肪相同。 | PPT 演示及陈述讲解。 |
| 讲述无水奶油的生产方法。 | 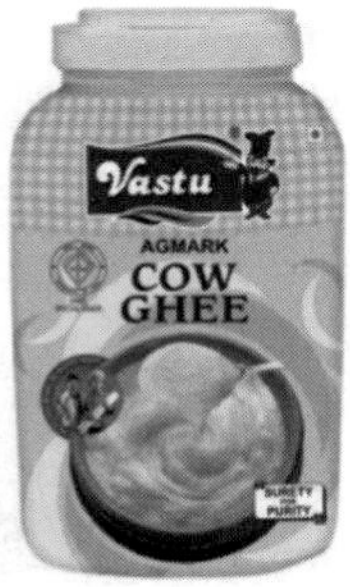 无水奶油的生产方法：乳脂肪浓缩、相转化、油浓缩。 | PPT 演示及陈述讲解。 |
| 通过流程图阐述无水奶油的浓缩生产工艺。 | 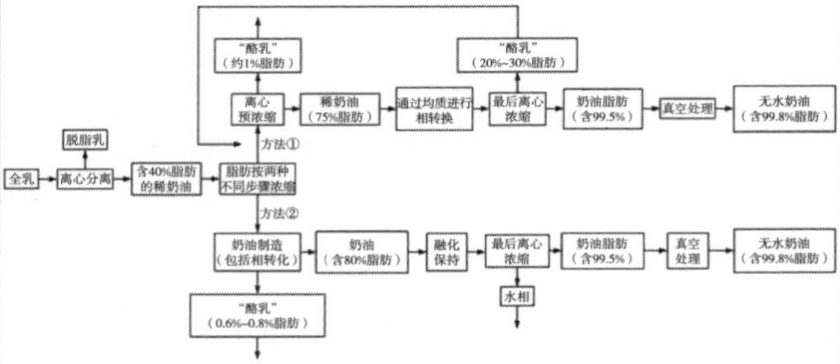 全乳 → 离心分离（→ 脱脂乳）→ 含40%脂肪的稀奶油 → 脂肪按两种不同步骤浓缩<br>方法①：离心预浓缩（→“酪乳”（约1%脂肪））→ 稀奶油（75%脂肪）→ 通过均质进行相转换 → 最后离心浓缩（→“酪乳”（20%~30%脂肪））→ 奶油脂肪（含99.5%）→ 真空处理 → 无水奶油（含99.8%脂肪）<br>方法②：奶油制造（包括相转化）（→“酪乳”（0.6%~0.8%脂肪））→ 奶油（含80%脂肪）→ 融化保持 → 最后离心浓缩（→ 水相）→ 奶油脂肪（含99.5%）→ 真空处理 → 无水奶油（含99.8%脂肪） | PPT 演示及陈述讲解。 |

（续）

| 教学意图 | 教学内容 | 教学环节设计 |
| --- | --- | --- |
|  | ①使用含脂率为35%～40%的稀奶油，为了有效钝化脂肪酶，稀奶油在热交换器中先进行巴氏杀菌，然后再冷却到55～58℃。<br>②热处理后，稀奶油在专用的固体排出型离心机中浓缩到70%～75%的含脂率时，经浓缩的稀奶油流到离心分离机，大部分脂肪球膜被破坏形成脂肪的连续相。<br>③经处理后脂肪已被提纯，含脂率高达99.5%，含水率为0.4%～0.5%，脂肪被预热到90～95℃。再送到真空干燥机，出口处的脂肪水分含量低于0.1%。脱水乳脂肪冷却到35～40℃，然后准备包装。 |  |
| 无水奶油的生产技术要求。 | 使用新生产的奶油作为原料生产无水乳脂时，奶油会产生轻微混浊现象，但当用贮存2周或更长时间的奶油生产时这种现象则不会产生。直接把奶油从冷藏处取出送至熔融设备，放置在一个转动的、蒸汽加热的转台中。一个固定的挡板能阻止固体奶油随转台一起转动，而转台底部与奶油接触将其连续融化。熔融的奶油通过离心力被甩到转台周围，将其收集起来，通过排液泵送到加热系统。 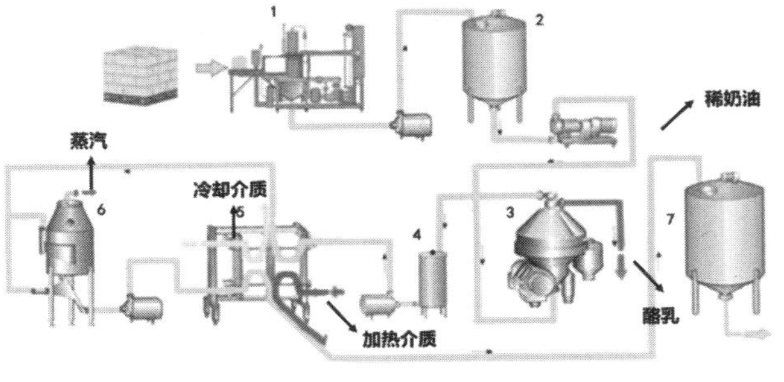<br>1. 奶油融化加热器　2. 贮存器　3. 浓缩器<br>4. 平衡器　5. 片式换热器　6. 真空干燥器　7. 贮存器 | PPT演示及陈述讲解。 |
| 讲解无水奶油的精制。 | （1）磨光　浓缩奶油中加入20%～30%的水洗涤，水溶性物质（主要是蛋白质）被分离。<br>（2）中和　减少FFA的含量，将8%～10%NaOH加到乳脂肪中10s后加入和洗涤比例相同的水，最后皂化的FFA和水相被分离出来。<br>（3）分馏　指将脂肪分离成为高熔点部分和低熔点部分的操作。 | PPT演示及陈述讲解。 |

（续）

| 教学意图 | 教学内容 | 教学环节设计 |
| --- | --- | --- |
| | （4）分离　用改性淀粉或β-环状糊精和乳脂肪混合，β-环状糊精分子包裹胆固醇，形成沉淀，再通过离心分离的方法将沉淀去除。<br>（5）包装　通常先向容器中注入氮气，因为氮气比空气重，故被注入后下沉到底部；又因为无水乳脂肪比氮气重，故能将氮气排到上层形成严密的气盖，防止氧化反应。 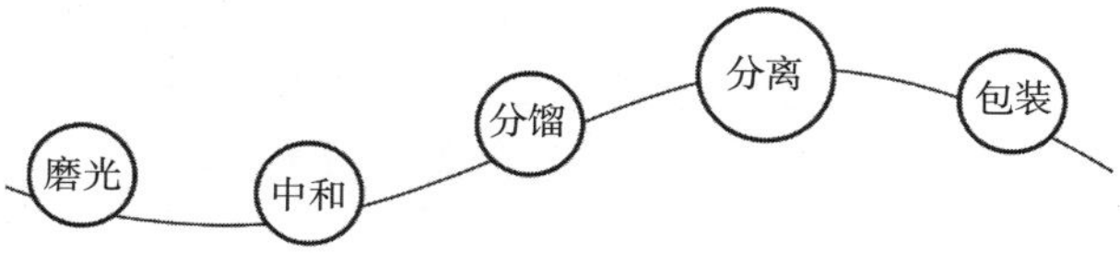<br>磨光　中和　分馏　分离　包装 | |
| 讲解重制奶油。 | （1）重制奶油是指用质量较次的奶油或稀奶油进一步加工制成的水分含量低而不含蛋白质的奶油。<br>（2）重制奶油含水不超过2%。<br>生产方法：煮沸法、熔融静置法和熔融离心分离法。  | PPT演示及陈述讲解。 |
| 介绍新型涂抹型产品。 |  （1）拉特和拉贡（Latt & Lagom）　主要原料为无水奶油和大豆油按比例混合。因含脂率不超过40%，所以硬度必须用特殊硬化剂来稳定。比奶油和人造奶油的脂肪含量都低，还含有酪乳中的蛋白质。 | 提问：对奶油特性的学习，加深了学生对涂抹性的认识。大家知道有哪些类似奶油的涂抹制品吗？ |

（续）

| 教学意图 | 教学内容 | 教学环节设计 |
| --- | --- | --- |
| | （2）布里高特（Bregott） 主要是一种涂抹食品，但可用于烹调。被当作人造奶油的一种，但在组分和制造方法不同。<br>稀奶油用天然乳酸发酵剂来调整酸度，根据滋味和硬度来调整添加的植物油的量。 | |
| **5. 小结** | | |
| 总结梳理本节课内容，结合所学知识和课外文献阅读解答思考题。 | 重点掌握：稀奶油的工艺和质量控制、关键工艺（浓缩和精制）、各类奶油产品。<br>思考题：制作稀奶油的关键工序是什么？ | PPT 演示及陈述讲解。 |

# 五、板书设计

**1. 定义**

**2. 奶油的生产工艺**

稀奶油的生产

无水奶油的浓缩和精制

**3. 重制奶油及新型涂抹产品**

# 六、参考文献

蒋爱民，张兰威，2019. 畜产食品工艺学［M］. 北京：中国农业出版社.

孙颜君，莫蓓红，郑远荣，等，2015. 热处理和调节 pH 改性乳清蛋白浓缩物对搅打稀奶油加工性质的影响 [J]. 食品工业科技，36 (2)：133-137.

张兰威，蒋爱民，2016. 乳与乳制品工艺学 [M]. 北京：中国农业出版社.

周光宏，2013. 畜产品加工学 [M]. 北京：中国农业出版社.

MAV B，CAROLINE L K，KATHARINA L，et al，2020. Technical emulsifiers in aerosol whipping cream - compositional variations in the emulsifier affecting emulsion and foam properties [J]. International Dairy Journal，102 (C)：104578.

## 七、预习任务与课后作业

1. 思考题：怎样提高稀奶油的分离率?

2. 通过雨课堂预习下节课的内容，并观看相应视频。

3. 课堂上涉及的专业英语词汇及相关知识的最新前沿进展文献都将通过雨课堂的方式推送给学生。

## 八、要求掌握的英语词汇

- 稀奶油 cream powder
- 酪乳 buttermilk
- 重制奶油 rendered butter
- 分离 segregation
- 水包油 oil-in-water
- 分馏 fractionation
- 无水奶油 anhydrous butter oil
- 精制 refine

# 第九章　冰淇淋生产

## 一、教学目标

1. 知识目标

◇学生应能正确阐述冰淇淋的组成、种类，为后续课程的学习奠定理论基础。

◇学生能复述出冰淇淋和雪糕的生产工艺及其质量控制，特别是冰淇淋老化、凝冻两大重点工序的定义、目的及控制方法。

2. 能力目标

◇结合冰淇淋生产的理论，延伸冷饮制作的基本加工方法、操作要点和原理，储备基础知识，以构建专业素养，培养学生自主获取知识的能力并将生产理论扩展到其他同类型的产品领域。

3. 情感目标

◇通过对实际生产操作的学习，学生具有良好的知识储备和专业素养能力，并将这种能力贯穿乳制品生产的整个过程，同时树立正确的价值观和社会责任感。

◇学生在食工的理论学习中，理解并遵循食品人的专业素养、职业道德、行业规范，能在思考和讨论中抓住问题本质，寻得有效的合理化方案，具有严谨的思维及创新的思想意识。在生产实际中，唤起学生的个人担当与家国情怀，潜移默化地培养学生良好的品格和高度的社会责任感。

## 二、教学内容分析

1. 教学内容

◇冰淇淋的概述及分类

◇冰淇淋的生产工艺及质量控制

◇雪糕的生产工艺及质量控制

2. 教学重点与难点

◇ 冰淇淋生产过程中的操作要点

**处理方法：** 冰淇淋生产中的操作要点均具有难以替代的重要作用，如冰淇淋的老化、凝冻，但这些工艺仅借助课本的讲解并不能更好地了解工序的意义。因此在教学过程中，对要点内容进行过程剖析，结合 PPT 动画演示，从实际生产的角度帮助学生理解各工序能对产品的质量的影响。

## 三、教学思路

冰淇淋的概述及原料配比计算 > 冰淇淋的生产工艺及质量控制 > 雪糕的生产工艺及质量控制

| 冰淇淋的概述及原料配比计算 | 冰淇淋的生产工艺及质量控制 | 雪糕的生产工艺及质量控制 |
|---|---|---|
| · 定义<br>· 种类和组成结构<br>· 原料配比计算 | · 生产工艺<br>· 老化和凝冻<br>· 质量控制 | · 生产工艺和要点<br>· 膨化雪糕和雪泥 |

## 四、教学进程具体设计（45min）

| 教学意图 | 教学内容 | 教学环节设计 |
|---|---|---|
| **1. 引入** | | |
| 从实际生活出发，吸引学生的学习兴趣。 | 冰淇淋由于加工工艺不同，口感也有所差别。<br>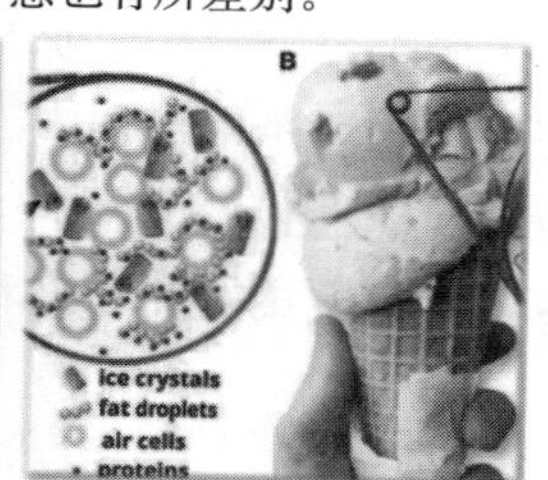 | 提问：通过色彩缤纷的冰淇淋展示，调查学生偏爱的冰淇淋类型，激发学生的学习兴趣。 |
| **2. 冰淇淋的定义、种类、结构及组成** | | |
| 讲述冰淇淋的定义。 | 冰淇淋是以饮用水、乳品、蛋品、甜味料、食用油脂等为主要原料，加入适量的香料、稳定剂、乳化剂、着色剂等食品添加剂，通过混合配制，经均质、杀菌、成熟、凝冻、成型、硬化等工序加工而成的体积膨胀的冷冻饮品，其含有一定量的脂肪和非脂乳固体。 | PPT 演示及陈述讲解。 |

（续）

| 教学意图 | 教学内容 | 教学环节设计 |
| --- | --- | --- |
| |    | |
| 讲述冰淇淋的分类。 |  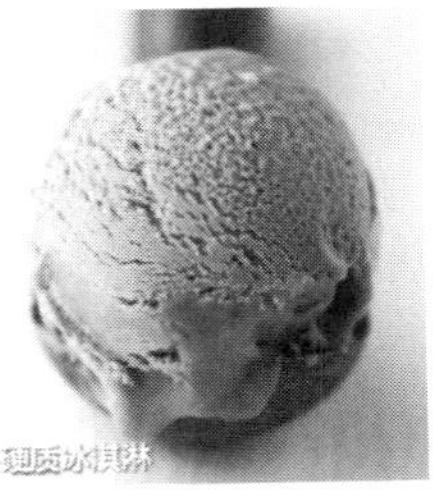  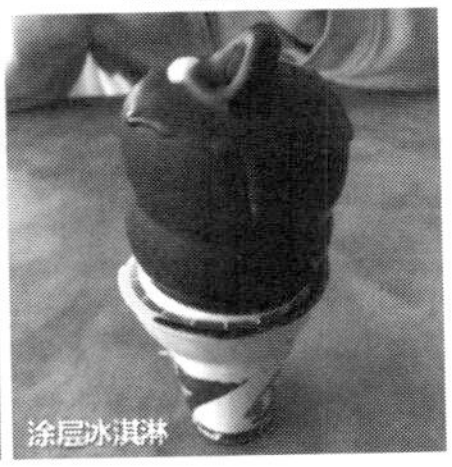 软质冰淇淋 硬质冰淇淋 夹心冰淇淋 涂层冰淇淋<br>• 按原料种类：全乳脂冰淇淋、半乳脂冰淇淋、植脂冰淇淋。<br>• 按含脂率：高级奶油冰淇淋、奶油冰淇淋、牛乳冰淇淋、果味冰淇淋。<br>• 按形态：砖状冰淇淋、杯状冰淇淋、锥状冰淇淋、异型冰淇淋、装饰冰淇淋。<br>• 按组织结构：清型冰淇淋、混合型冰淇淋、组合型冰淇淋。<br>• 按硬度：软质冰淇淋、硬质冰淇淋。<br>• 按添加物的位置：夹心冰淇淋、涂层冰淇淋。 | 提问：大家平时在生活中都见过哪些种类的冰淇淋呢？ |
| 讲述不同种类冰淇淋的区别。 | • 全乳脂冰淇淋：完全用乳脂肪作为最终产品脂肪来源制造的冰淇淋。<br>• 半乳脂冰淇淋：含有脂肪、人造奶油的冰淇淋，产品中乳脂肪含量为2.2%～8%。 | PPT演示及陈述讲解。 |

（续）

| 教学意图 | 教学内容 | 教学环节设计 |
| --- | --- | --- |
| | ·植脂冰淇淋：产品中含有植物油脂、人造奶油的冰淇淋。<br>·高级奶油冰淇淋：脂肪含量为14%～16%的为高脂冰淇淋，总固形物含量为38%～42%。<br>·奶油冰淇淋：脂肪含量为10%～12%的为中脂冰淇淋，总固形物含量为34%～38%。<br>·牛乳冰淇淋：脂肪含量在6%～8%的为低脂冰淇淋，总固形物含量为32%～34%。<br>·果味冰淇淋：脂肪含量为3%～5%，总干物质含量为26%～30%。<br>·清型冰淇淋：不含颗粒块状辅料的制品。<br>·混合型冰淇淋：在冰淇淋中加入果料，含有颗粒状或块辅料的制品。<br>·组合型冰淇淋：主体冰淇淋所占比例不低于50%。<br>8%以上 全乳脂冰淇淋　2.2%~8% 半乳脂冰淇淋　0~2.2% 植脂冰淇淋 | |
| 讲述冰淇淋的结构。 | ·冰晶：由水凝结而成，平均直径为4.5～5.0μm，冰晶之间的平均距离为0.6～0.8μm。<br>·气泡：由空气经搅刮器的搅打而形成的大量微小气泡，平均直径为11.0～18.0μm，气泡之间的平均距离为10.0～15.0μm。<br>·未冰冻物质：呈液态，含有凝固的脂肪粒子、乳蛋白质、不溶性盐类、乳糖结晶粒子、蔗糖、其他糖类及可溶性盐类等。<br>冰晶　气泡　未冰冻物质 | PPT演示及陈述讲解。 |

（续）

<table>
<tr><th>教学意图</th><th>教学内容</th><th>教学环节设计</th></tr>
<tr><td>讲述不同类型冰淇淋的组成。</td><td>
冰淇淋的组成（国际标准水平）（%）
<table>
<tr><th>冰淇淋类型</th><th>乳脂肪量</th><th>非脂乳固体量</th><th>糖类量</th><th>乳化剂和稳定剂</th><th>总固形物量</th></tr>
<tr><td>高脂冰淇淋</td><td>10～15</td><td>8～11</td><td><14</td><td>0.3～0.5</td><td>38～42</td></tr>
<tr><td>中脂冰淇淋</td><td>8～10</td><td>7～9</td><td><15</td><td>0.3～0.5</td><td>34～38</td></tr>
<tr><td>低脂冰淇淋</td><td>6～8</td><td>6～7</td><td>>15</td><td>0.3～0.5</td><td>30～34</td></tr>
</table>
中国冰淇淋的组成（%）
<table>
<tr><th>成分</th><th>Ⅰ</th><th>Ⅱ</th><th>Ⅲ</th><th>Ⅳ</th><th>Ⅴ</th><th>Ⅵ</th></tr>
<tr><td>脂肪</td><td>3.0</td><td>6.0</td><td>8.0</td><td>10.0</td><td>12.0</td><td>16.0</td></tr>
<tr><td>非脂乳固体</td><td>11.7</td><td>11.0</td><td>11.0</td><td>10.5</td><td>10.0</td><td>10.0</td></tr>
<tr><td>糖分</td><td>15.0</td><td>15.0</td><td>15.0</td><td>15.0</td><td>14.0</td><td>14.0</td></tr>
<tr><td>乳化、稳定剂</td><td>0.35</td><td>0.35</td><td>0.30</td><td>0.30</td><td>0.30</td><td>0.30</td></tr>
<tr><td>香料、色素</td><td>适量</td><td>适量</td><td>适量</td><td>适量</td><td>适量</td><td>适量</td></tr>
<tr><td>总固形物</td><td>30.5</td><td>32.35</td><td>34.30</td><td>35.80</td><td>36.30</td><td>40.30</td></tr>
</table>
</td><td>PPT 演示及陈述讲解。</td></tr>
<tr><td>讲述冰淇淋中主要原辅料的作用。</td><td>冰淇淋中的水是连续相，可呈液态或固态，气体是通过水脂乳浊液而散布在混合料内的，浊液由液态水、冰结晶和凝结的乳脂肪球组成。<br>脂肪在凝冻时可形成网状结构，这赋予了冰淇淋特有的细腻、润滑的组织结构；油脂中含有许多风味物质，这赋予了冰淇淋独特的芳香风味。<br>非脂乳固体是牛乳总固形物除去脂肪后剩余的蛋白质、乳糖及矿物质的总称。蛋白质具有水合作用，在均质过程中能与乳化剂一同在脂肪球表面形成稳定的薄膜，确保油脂在水中的乳化稳定性，同时在凝冻过程中促使空气很好地混入，并能防止冰结晶扩大；乳糖的柔和甜味及矿物质的隐约“咸味”，赋予了制品显著的风味特征。</td><td>PPT 演示及陈述讲解。</td></tr>
</table>

（续）

<table>
<tr><th>教学意图</th><th>教学内容</th><th>教学环节设计</th></tr>
<tr><td></td><td>脂肪<br>甜味剂<br>水和空气<br>非脂乳固体<br>蛋与蛋制品</td><td></td></tr>
<tr><td>主要讲述冰淇淋生产中的乳化剂。</td><td>乳化剂是能够改善乳浊液中各种构成相之间的表面张力，使之形成均匀稳定的分散体系或乳浊液的物质。可使脂肪呈微细乳浊状态，使之稳定化；分散脂肪球以外的粒子，使之稳定化；增加产品的耐热性，即增强其抗融性和抗收缩性；防止或控制粗大冰晶形成，使产品的口感细腻。<br>稳定剂<br>香料<br>乳化剂<br>食用色素</td><td>PPT 演示及陈述讲解。</td></tr>
<tr><td>通过具体数据呈现不同种类冰淇淋的组成。</td><td>
典型冰淇淋组成（%）
<table>
<tr><th>冰淇淋类型</th><th>脂肪</th><th>非乳脂固体</th><th>糖</th><th>乳化剂和稳定剂</th><th>水分</th><th>膨胀率</th></tr>
<tr><td>甜食冰淇淋</td><td>15</td><td>10</td><td>15</td><td>0.3</td><td>59.7</td><td>110</td></tr>
<tr><td>普通冰淇淋</td><td>10</td><td>11</td><td>14</td><td>0.4</td><td>64.6</td><td>100</td></tr>
<tr><td>牛奶冰淇淋</td><td>4</td><td>12</td><td>13</td><td>0.6</td><td>70.4</td><td>85</td></tr>
<tr><td>冰冻果子露</td><td>2</td><td>4</td><td>22</td><td>0.4</td><td>71.6</td><td>50</td></tr>
<tr><td>冰果（雪糕）</td><td>0</td><td>0</td><td>22</td><td>0.2</td><td>77.8</td><td>0</td></tr>
</table>
</td><td>展示：通过直观的数据显示，加深学生对冰淇淋成分的认识。</td></tr>
</table>

（续）

| 教学意图 | 教学内容 | 教学环节设计 |
|---|---|---|

**主要原料成分（%）**

| 原料名称 | 原料成分 | | | |
|---|---|---|---|---|
| | 脂肪 | 非乳脂固体 | 糖 | 总固体 |
| 稀奶油 | 30 | 64 | | 36.4 |
| 牛乳 | 4 | 88 | | 12.2 |
| 甜炼乳 | 8 | 20 | 40 | 68 |
| 蔗糖 | | | 100 | 100 |

**冰淇淋混合原料的配合比例（kg）**

| 原料名称 | 配合比 | 脂肪 | 非脂乳固体 | 糖 | 总干物质 |
|---|---|---|---|---|---|
| 稀奶油 | 26.98 | 8.09 | 1.75 | 11.32 | 9.82 |
| 原料乳 | 41.03 | 1.64 | 3.61 | 2.68 | 9.25 |
| 甜炼乳 | 28.31 | 2.26 | 5.56 | | 19.24 |
| 蔗糖 | 2.68 | | | | 2.68 |
| 稳定剂（明胶） | 0.5 | | | | 0.5 |
| 乳化剂 | 0.4 | | | | 0.4 |
| 香料 | 0.1 | | | | 0.1 |
| 合计 | 100 | 11.99 | 10.92 | 14 | 41.99 |

**3. 冰淇淋的生产工艺及质量控制**

| 教学意图 | 教学内容 | 教学环节设计 |
|---|---|---|
| 通过流程图介绍冰淇淋的生产工艺。 | （流程图） | PPT演示及陈述讲解。 |

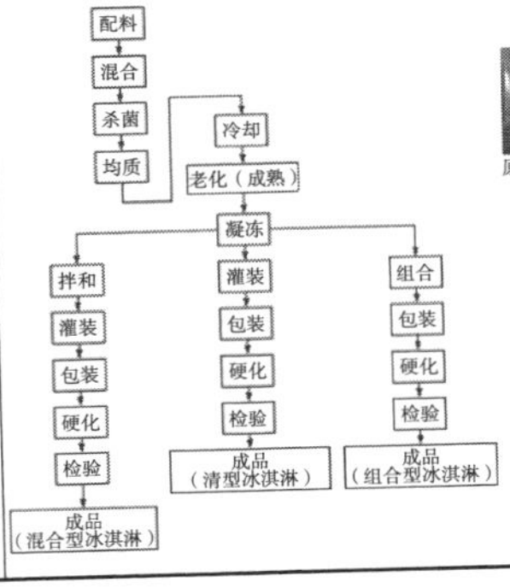

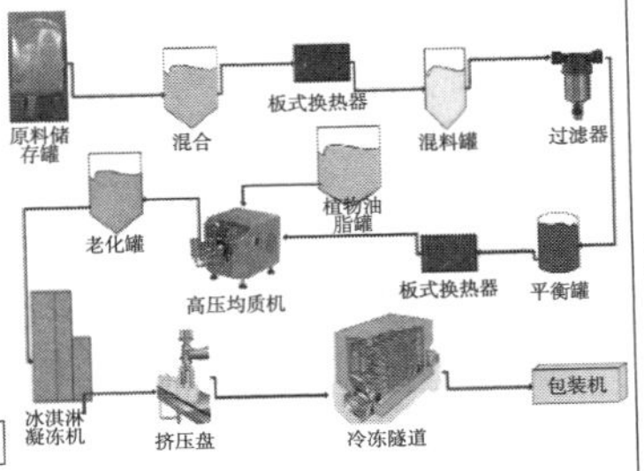

（续）

| 教学意图 | 教学内容 | 教学环节设计 |
| --- | --- | --- |
| 讲述生产中的原辅料选择，工序具有的作用或影响，突破重难点。 | （1）原辅料的预处理与混合　原铺料混合的顺序宜从浓度低的液体原料，如牛乳等开始，其次为炼乳、稀奶油等液体原料，再次为砂糖、乳粉、乳化剂、稳定剂等固体原料，最后用水调整。混合溶解温度通常为40～50℃。 | PPT 演示及陈述讲解。 |
| 讲解鲜乳、乳粉、砂糖、人造奶油等原料添加过程中的注意事项。 | 鲜乳 ① 乳粉 ② 砂糖 ③ 人造黄油、硬化油等 ④<br>·鲜乳：经100目筛进行过滤，除去杂质后再泵入缸内。<br>·乳粉：配制前应先加温水溶解，经过过滤和均质后再与其他原料混合。<br>·砂糖：先加适量的水，加热溶解成糖浆，然后经过160目筛过滤后泵入缸内。<br>·人造奶油等：使用前先加热融化或切成小块后加入。 | PPT 动画演示及陈述讲解。 |
| 讲解复合乳化、稳定剂，鸡蛋，明胶、琼脂，淀粉原料添加过程中的注意事项。 | 复合乳化、稳定剂 ⑤ 鸡蛋 ⑥ 明胶、琼脂等 ⑦ 淀粉原料 ⑧<br>·复合乳化、稳定剂：与其5倍以上的砂糖拌匀，不断搅拌后加入混合缸中，以充分溶解和分散。<br>·鸡蛋：应与水或牛乳按1∶4混合后加入，以免蛋白质变性，凝成絮状。<br>·明胶、琼脂：先用水泡软，再加热使其溶解后加入。<br>·淀粉原料：使用前要加入8～10倍的水，不断搅拌制成淀粉浆，通过100目筛过滤，加热糊化后使用。 | PPT 动画演示及陈述讲解。 |

（续）

| 教学意图 | 教学内容 | 教学环节设计 |
| --- | --- | --- |
| 讲述混合杀菌、混合料的均质。 | （2）混合杀菌<br>巴氏杀菌：间歇式巴氏杀菌：75~77 ℃、20~30 min；高温短时巴氏杀菌：80 ℃、25 s；超高温巴氏杀菌：100~128 ℃、3~4 s<br>（3）混合料的均质<br>• 使原料中的乳脂肪球变小，互相吸引使混合料的黏度增加，能防止凝冻时乳脂肪被搅成奶油粒，以保证冰淇淋产品组织细腻。<br>• 通过均质作用，强化酪蛋白胶粒与钙及磷的结合，使混合料的水合作用增强。<br>• 适宜的均质条件是改善混合料起泡性、获得良好组织状态及理想膨胀率冰淇淋的重要因素。<br>均质的条件：压力为14.7～17.6MPa，温度为65～70℃。 | PPT演示及陈述讲解。 |
| 讲述混合料的冷却、老化和凝冻。 | （4）混合料的冷却 作用是：①防止脂肪上浮；②利于老化的进行；③稳定产品质量。<br>（5）混合料的老化 老化是将经均质、冷却后的混合料置于老化缸中，在2～4℃的低温下使混合料成熟的过程。老化时间为2～24h，时间长短与温度有关。促进脂肪、蛋白质和稳定剂的水合作用，稳定剂能充分吸收水分，使料液黏度增加。<br>（6）混合料的凝冻 主要有：①使冰淇淋得到合适的膨胀率；②使冰淇淋的稳定性提高；③使冰淇淋组织更加细腻；④使混合料更加均匀；⑤加速硬化成型进程。 | PPT演示及陈述讲解。<br>引导思考：冰淇淋在凝冻的过程中，会发生怎样的变化呢？<br>逐步引导：在凝冻过程中，空气的混入会使冰淇淋容积增加，在控制冰淇淋组织和形体上具有重要意义，学生根据自己的思考回答影响膨胀率的因素有哪些？ |

（续）

<table>
<tr><th>教学意图</th><th>教学内容</th><th>教学环节设计</th></tr>
<tr><td>讲述冰淇淋的灌装成型。</td><td>（7）灌装成型　凝冻后的冰淇淋必须立即成型和硬化，以满足贮存和销售的需要。<br>冰淇淋的类型有冰砖、纸杯、蛋筒、浇模成型、巧克力涂层、异形等。</td><td>PPT 演示及陈述讲解。</td></tr>
<tr><td>讲述冰淇淋的硬化及影响硬化的因素。</td><td>（8）硬化　作用是：①保持预定的形态；②提高产品质量；③便于运输和销售。<br>影响硬化的因素：①包装容器的大小与形状；②空气的循环；③空气的温度；④制品的位置；⑤混合料的成分；⑥膨胀率。</td><td>PPT 演示及陈述讲解。</td></tr>
<tr><td>讲述冰淇淋的感官要求。</td><td>（1）感官要求<br><table><tr><th>项目</th><th>感官要求</th></tr><tr><td>色泽</td><td>色泽均匀，符合该产品应有的色泽</td></tr><tr><td>形态</td><td>形态完整，大小一致，无变形、无软塌、无收缩，涂层无破损</td></tr><tr><td>组织</td><td>细腻润滑，无颗粒及明显粗糙的冰晶，无气孔</td></tr><tr><td>滋气味</td><td>滋味协调，有乳脂肪或植脂气味，香气纯正，具有该品种应有的滋味、气味，无气孔</td></tr><tr><td>杂质</td><td>无肉眼可见的杂质</td></tr></table></td><td>PPT 演示及陈述讲解。<br>提问：同学在食用冰淇淋时有没有发现其在形态等有哪些不足之处？</td></tr>
</table>

（续）

<table>
<tr><th>教学意图</th><th>教学内容</th><th>教学环节设计</th></tr>
<tr><td>讲述冰淇淋的理化要求。</td><td>（2）理化要求<br>
<table>
<tr><th rowspan="2">项目</th><th colspan="3">要求</th><th rowspan="2">项目</th><th colspan="3">要求</th></tr>
<tr><th>高脂型</th><th>中脂型</th><th>低脂型</th><th>高脂型</th><th>中脂型</th><th>低脂型</th></tr>
<tr><td>脂肪含量（%）</td><td>≥10.0</td><td>≥8.0</td><td>≥6.0</td><td>总糖含量（以蔗糖计算，%）</td><td>≥15.0</td><td>≥15.0</td><td>≥15.0</td></tr>
<tr><td>总固形物含量（%）</td><td>≥35.0</td><td>≥32.0</td><td>≥30.0</td><td>膨胀率（%）</td><td>≥95.0</td><td>≥90.0</td><td>≥80.0</td></tr>
</table>
冰淇淋常见的缺陷主要体现在风味、组织、形状和收缩这几个方面，表现为甜味不足、香味不正、有蒸煮味、组织粗糙或松软（面团状的组织）、冰砾、有奶油粗粒等现象。通过提问学生如何解决现阶段冰淇淋存在的缺陷，引发学生思考并以此引导学生树立食品人应有的责任感。现阶段乳制品行业仍有发展瓶颈，需要同学打好牢固的基础，学好专业知识，为食品的改进创新做出自己的贡献。</td><td>分组研讨：根据实际生产中存在的问题，分析冰淇淋质量与原料、生产工艺、贮存温度等的关系，研讨提出针对某一问题的解决方案，提高学生分析、解决问题的能力。</td></tr>
<tr><td colspan="3">4. 雪糕的生产工艺及质量控制</td></tr>
<tr><td>讲述雪糕的生产工艺，并与冰淇淋生产工艺作对比。</td><td>雪糕是以饮用水、乳品、食糖、食用油脂等为主要原料，添加适量增稠剂、香料，经混合、灭菌、均质或轻度凝冻、浇模、冻结等工艺制成的冷冻产品，其中的总固形物、脂肪含量较冰淇淋低。<br>
</td><td>PPT 演示及陈述讲解。<br>提问：雪糕和冰淇淋的生产有哪些联系和区别呢？</td></tr>
<tr><td>讲述雪糕生产的理化要求。</td><td>一般雪糕配方：牛乳 32%左右，淀粉 1.25%～2.5%，砂糖 13%～16%，精炼油脂 2.5%～4.0%，其他特殊原料 1%～2%，香料适量，着色剂适量。</td><td>PPT 演示及陈述讲解。</td></tr>
</table>

（续）

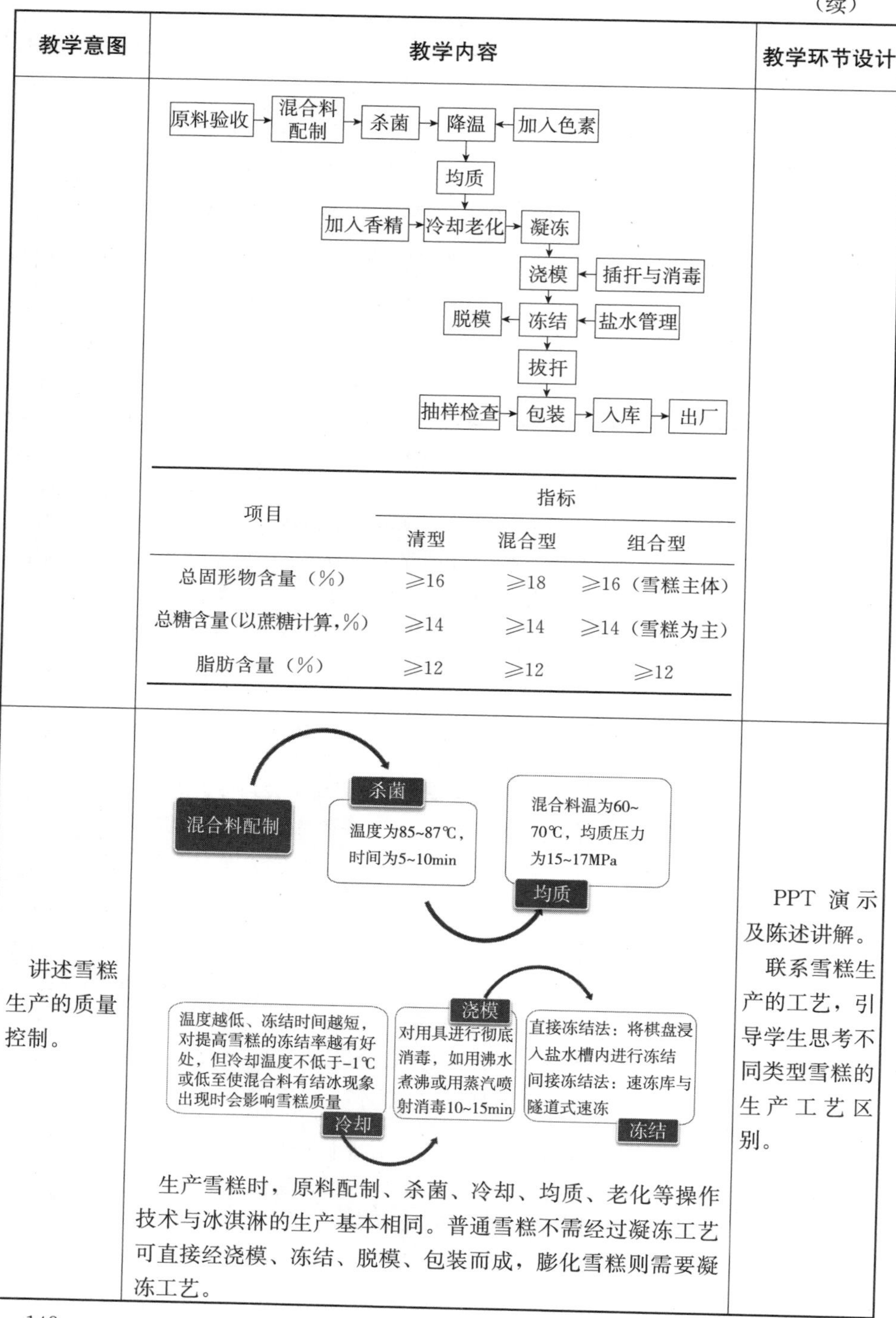

<table>
<tr><th>教学意图</th><th>教学内容</th><th>教学环节设计</th></tr>
<tr><td></td><td>

<table>
<tr><th rowspan="2">项目</th><th colspan="3">指标</th></tr>
<tr><th>清型</th><th>混合型</th><th>组合型</th></tr>
<tr><td>总固形物含量（%）</td><td>≥16</td><td>≥18</td><td>≥16（雪糕主体）</td></tr>
<tr><td>总糖含量(以蔗糖计算,%)</td><td>≥14</td><td>≥14</td><td>≥14（雪糕为主）</td></tr>
<tr><td>脂肪含量（%）</td><td>≥12</td><td>≥12</td><td>≥12</td></tr>
</table>
</td><td></td></tr>
<tr><td>讲述雪糕生产的质量控制。</td><td>

生产雪糕时，原料配制、杀菌、冷却、均质、老化等操作技术与冰淇淋的生产基本相同。普通雪糕不需经过凝冻工艺可直接经浇模、冻结、脱模、包装而成，膨化雪糕则需要凝冻工艺。
</td><td>PPT演示及陈述讲解。<br>联系雪糕生产的工艺，引导学生思考不同类型雪糕的生产工艺区别。</td></tr>
</table>

（续）

<table>
<tr><th>教学意图</th><th>教学内容</th><th>教学环节设计</th></tr>
<tr><td colspan="3">5. 其他类型雪糕的生产工艺</td></tr>
<tr><td>通过图片展示膨化雪糕和雪泥的生产工艺。</td><td>
<br>
膨化雪糕的生产工艺基本同雪糕一样，只是多了一个凝冻工艺，即在浇模前将雪糕混合料液送进间歇式冰淇淋凝冻机内搅拌凝冻后再浇模。<br>
凝冻目的：①使雪糕质地更加松软，味道更加可口；②使凝冻后料液的温度控制在－2～－1℃，有利于提高雪糕产品质量。<br>
<table>
<tr><th rowspan="2">项目</th><th colspan="3">指标</th></tr>
<tr><th>清型</th><th>混合型</th><th>组合型</th></tr>
<tr><td>总固形物含量（%）</td><td>≥16</td><td>≥18</td><td>≥16（雪泥主体）</td></tr>
<tr><td>总糖含量（以蔗糖计算，%）</td><td>≥13</td><td>≥13</td><td>≥13（雪泥主体）</td></tr>
</table>
注：雪泥是以饮用水、食糖等为主要原料，添加增稠剂、香料，经混合、灭菌、凝冻和低温炒制等工艺制成的一种松软冰雪状的冷冻饮品。</td><td>PPT 演示及陈述讲解。</td></tr>
<tr><td colspan="3">6. 小结</td></tr>
<tr><td>总结梳理本节课的知识脉络，查阅文献完成思考题。</td><td>重点掌握：冰淇淋和雪糕的生产工艺及质量控制、两大重点工艺的目的（老化和凝冻）。<br>思考题：如何控制冰淇淋的质量？</td><td>PPT 演示及陈述讲解。</td></tr>
</table>

# 五、板书设计

**1. 概述**

**2. 冰淇淋的生产**
老化和凝冻

**3. 雪糕的生产**
膨化雪糕

# 六、参考文献

张兰威，蒋爱民，2016. 乳与乳制品工艺学［M］. 北京：中国农业出版社.
周光宏，2013. 畜产品加工学［M］. 北京：中国农业出版社.
蒋爱民，张兰威，2019. 畜产食品工艺学［M］. 北京：中国农业出版社.
程金菊，王东，李晓东，2020. 不同加工方式和蛋白组成下冰淇淋脂肪球低温失稳研究［J］. 农业机械学报，51（8）：365-371.
PATEL A R，DEWETTINCK K，2015. Current update on the influence of minor lipid components，shear and presence of interfaces on fat crystallization［J］. Current Opinion in Food Science，3：65-70.

# 七、预习任务与课后作业

1. 思考题：影响冰淇淋膨胀的因素有哪些？

2. 通过雨课堂预习下节课的内容，并观看相应视频。

3. 课堂上涉及的专业英语词汇及相关知识的最新前沿进展文献都将通过雨课堂的方式推送给学生。

# 八、要求掌握的英语词汇

- 冰淇淋　ice cream
- 膨胀率　expansion ratio
- 稳定剂　stabilizer
- 含脂率　fat content
- 乳化剂　emulsifier
- 砂糖　granulated sugar

图书在版编目（CIP）数据

乳品工艺学教学设计 / 刘红娜主编 . —北京 ：中国农业出版社，2023. 7
ISBN 978-7-109-31128-2

Ⅰ. ①乳… Ⅱ. ①刘… Ⅲ. ①乳制品—食品加工—教学设计 Ⅳ. ①TS252. 4

中国国家版本馆 CIP 数据核字（2023）第 176087 号

中国农业出版社出版
地址：北京市朝阳区麦子店街 18 号楼
邮编：100125
责任编辑：周晓艳
版式设计：王 晨 责任校对：吴丽婷
印刷：三河市国英印务有限公司
版次：2023 年 7 月第 1 版
印次：2023 年 7 月河北第 1 次印刷
发行：新华书店北京发行所
开本：700mm×1000mm 1/16
印张：10
字数：190 千字
定价：48. 00 元